《飞云楼》　作者：徐艳丰

《宋代阁楼》　　作者：徐艳丰

《塔楼》　　作者：徐艳丰

《台儿庄城楼》　　作者：徐艳丰

《滕王阁》　　作者：徐艳丰

《文博宫》　作者：徐艳丰

《长明灯楼》　　作者：徐艳丰　徐晶晶　徐　健

《复兴楼》　　作者：徐艳丰　徐晶晶　徐　健

秸秆扎刻和徐艳丰

郭漾漾　罗小雅　编著

中国城市出版社

图书在版编目（CIP）数据

秸秆扎刻和徐艳丰 / 郭漾漾，罗小雅编著 . -- 北京：
中国城市出版社，2024.6
ISBN 978-7-5074-3717-1

Ⅰ.①秸… Ⅱ.①郭… ②罗… Ⅲ.①秸秆－手工艺
品－生产工艺 Ⅳ.①TS938.99

中国国家版本馆 CIP 数据核字 (2024) 第 106729 号

“秸秆扎刻”是国家级非物质文化遗产名录项目，徐艳丰大师为该项目的国家级代表性传承人。本书展现秸秆扎刻工艺的历史起源、存续变迁及发展现状，记录徐艳丰大师从艺经历、技艺特点及授艺传承历程，以填补秸秆扎刻工艺过往资料的空缺，理顺发展传承脉络，为秸秆扎刻工艺的持续向好发展打下了坚实的基础。本书包括 5 章，分别是：从农业生产副产品到手工艺品、从民间手艺到非物质文化遗产、从苦命娃到非遗传承人、从个人创作到技艺传承、从赓续传统到创新发展。

本书可供传统手工艺及传统文化工作者、非物质文化遗产爱好者使用，也可供广大爱好者使用。

责任编辑：杜　洁　胡明安
责任校对：赵　力

秸秆扎刻和徐艳丰

郭漾漾　罗小雅　编著

*

中国城市出版社出版、发行（北京海淀三里河路9号）
各地新华书店、建筑书店经销
北京光大印艺文化发展有限公司制版
建工社（河北）印刷有限公司印刷

*

开本：850毫米×1168毫米　1/32　印张：7½　插页：4　字数：156千字
2024年6月第一版　2024年6月第一次印刷
定价：40.00元

ISBN 978-7-5074-3717-1
（904742）

前言

时光荏苒，回首十几年前，在爷爷的书房里，我见到了一件出自您的老友之手的作品，是一座我说不清是什么材料，也看不懂是什么工艺制作而成的四角凉亭模型。彼时的我已经在文博领域从业数年，陶瓷、玉石、书画、杂项……自诩也算得是见多识广，但端详着眼前的物件，属实是第一次见。就这样，在我的认知范围里又增添了一门手工技艺——秸秆扎刻。

在素有的印象里，与秸秆相关的词汇都是“焚烧”“无害化处理”等这类，我还从未曾把这农业生产中的副产品与工艺品联系在一起过。看着那全部由一段段高粱秸秆搭接而出的建筑模型，设计之精巧、结构之精妙、外形之精美，无一不令自己为之惊叹，心中对于制作者的敬仰就此油然而生，徐艳丰大师的名字也从那时起深深地印在了我的脑海里。

人生充满了巧合，在几次工作调整之后，我开始专门从事非物质文化遗产方面的工作。2017 年，在北京的“金街”王府井举办了一次京津冀三地非遗的交流、展示活动，得益于这次机会，我才算是真正地结识了国家级非遗名录项目秸秆扎刻和徐大师一家人。

在随后的不断接触和深入了解中，我不仅惊艳于民间工艺的精妙绝伦，更是钦佩于艺术大师化腐朽为神奇的鬼斧神工，将这些宝贵的智慧结晶进行系统梳理、完整记录、精致呈现，是当下非遗行业的共同课题和重要使命。

2022 年底，经过与徐大师及家人的共同商议，一致决定要编写一本展现秸秆扎刻工艺的历史起源、存续变迁及发展现状，记录徐艳丰大师从艺经历、技艺特点及授艺传承历程的书，以填补项目过往资料的空缺，理顺项目发展传承脉络，为项目的持续向好发展打下坚实的基础。这不仅是对徐大师及其家族数代人辛勤付出的致敬，更是对秸秆扎刻这一传统工艺的传承与发扬。希望能让更多的人通过这本书了解并喜爱秸秆扎刻，让这一民间瑰宝在新的时代里焕发出更加绚丽的光彩。

郭漾漾

2023 年 8 月于北京

目录

第一章

从农业生产副产品到手工艺品

秸秆扎刻制作所使用的最基础原材料是秸秆，更确切地说应该是高粱的秸秆。在我国，从对于各类农作物秸秆的处理和使用，到高粱的人工培育和种植，都经历过一个相当漫长的历史过程，秸秆扎刻的工艺也正是在人与自然的共同生存和演变过程中，逐渐形成、发展并传承至今。秸秆扎刻艺术不仅是一种手工艺，更是一种文化的传承和表达，展现了中华民族深厚的农耕文明和卓越的艺术智慧。

秸秆扎刻作品《八角亭》

作者：徐健

一、秸秆及其制品

通常意义上所说的秸秆是成熟农作物收获种子后所残留茎叶等部分的总称，主要包含粮食及油料作物的秸秆，如稻穰、粟稻、小麦秸、大麦秸、燕麦秸、黍秸、玉米秆、高粱秸、麻秆、花生穰、大豆秆、油菜秆、向日葵秆等，以及经济作物和瓜果蔬菜类的秸秆，像棉花秆、红薯穰、马铃薯藤等。可以说，秸秆是伴随农业文明的发展而不断生成、产量巨大、种类众多的一种副产品。根据相关统计数据可知，目前仅我国每年秸秆的可收集资源量就超过了 7 亿吨，占全球总量的 20%~30%，秸秆是一个不可忽视的巨大绿色生物资源库。

不过，在人们通常的印象里，秸秆这东西是难堪大用。“麦秸秆当门闩——经不起推敲”“麻秆儿打狼——两头怕”“秫秸秆挑水——担当不起”……这些流传于各地民间的歇后语，都针对秸秆机械强度低、材料耐久性差、不足以承受较大负荷的材料特性明确表达出了强烈不满。但是嫌弃归嫌弃，我国的历代统治者一直都将秸秆作为一类重要物资，常由官方负责采收和管理，而且在普通民众的日常生活中，人们也从未放弃和停止过将秸秆物尽其用的尝试和实践。

我国作为世界上历史最悠久的农业古国之一，在上古传说中创造了农业文明的神农氏炎帝，与黄帝一同被尊奉为中华民族的人文初祖，这也是“炎黄子孙”这一称谓的由来。多年来，学术界的研究也表明，我国人工种植农作物的历史可追溯至新石器时代，普遍认为的时间下限不会晚于距今

高粱秸秆

一万二千年以前。通过历年来的一系列考古发掘也证实了上述观点，比如：湖南省永州市道县玉蟾岩遗址发现了约一万四千年前的人工栽培稻谷、河北省邯郸市磁山遗址中发掘有约八千年前的农业生产加工工具和数万公斤的粟、甘肃省张掖市民乐县东庆山遗址出土了约五千多年前的多种谷物……特别是20世纪70年代以来，我国在历史文化遗址的发掘过程中，出土了大量的农业工具和农业产物遗存，其中仅属于新石器时代的就有数百处之多。

万余年来，伴随着粟、稻、黍、麦、秫、菽等大量农作物的人工种植，秸秆一类以副产品形式产生且极易获取的可用资源，在生产力水平低下、物质极度紧缺的历史时期里，是绝对不会被轻易浪费的，除常被直接作为燃料使用外，秸秆因其富含氮、磷、钾、有机质等营养成分，还会被作为肥料、饲料等；又因其纤维含量较高而具有较好的韧性，能够与泥土相混合用于房屋等建筑的构建；此外，人们也还会将其用于进行编织、纺织、造纸、酿造等用途……

目前，尚无集中系统介绍各类农作物秸秆利用的文献资料，虽然在历朝历代涉及农学、医学、植物学等学科的著作，如《礼记》《齐民要术》《天工开物》《本草纲目》等书中，都分散记载了关于秸秆的定义、特性、利用方式等相关内容，但具体讨论到以秸秆为原材料的手工艺品的加工制作究竟始于何时？受限于文字记载的匮乏和秸秆制品难以长时间保存的客观事实，尚且无法进行翔实考证，或者只能期冀于未来的考古新发现。不过，秸秆手工艺品的制作是伴随着原始农业生产而来的这一推断，应该是合情、合理且可信的。

在那些文字尚未出现和没有明确文字记载的年代里，秸秆究竟是如何被人们利用和改造的呢？由于秸秆易燃烧、易腐朽、不耐保存的物理属性，至今所发现的考古实物物证寥寥无几，关于当时秸秆的利用情况也只能是依托于与其相关的其他遗存及佐证，通过尽力去寻找可能的蛛丝马迹来进行还原。

现有的考古证据及研究成果可以表明，起初各类农作物秸秆的直接用途主要就是燃料和建筑材料。利用秸秆的可燃性，将其作为燃料用于农业生产和日常生活，可以满足当时人类的取暖、烹饪等很多基本生存需要。与此同时，早期人类从构筑地穴式、半地穴式居所，再到搭建地面建筑的过程中，上到屋顶的苫盖、下至地面的铺垫，还有中间泥土墙壁的支撑，秸秆都是非常适用的关键性材料。我们的先民们正是在对秸秆的不断利用过程中，越来越了解它的特性，也逐步开始探索对于秸秆的深度加工和艺术创造。

位于浙江省余姚市的河姆渡遗址，是我国一处重要的新石器时代早期的文化遗存，距今已有约七千年。在对其第三、第四文化层进行探方发掘的过程中，先后发现了以芦苇秸秆编织而成的苇席残片共一百余片，其中最大的席片面积超过了一平方米。这些苇席中，有的是与木结构房屋遗迹一同被发现，推测可能是用作在椽木上承托屋面（当地至今仍沿用此法）；有的修削处理工整，编织较为考究，推测应是坐卧之用；还有一些或是用于分割房间或在窖藏底部铺垫……种种迹象表明，苇席在当时已具有多种用途，而且使用十分普遍。同时，部分苇席的编织已经具有了一定的工艺水平，不仅大部分篾条都经过刮磨加工，而且还出现了十字、菱形等样式的花纹。

坐落在陕西省西安市东郊的半坡遗址是一处距今约有六千年的新石器时代遗址。作为仰韶文化早期的典型代表之一，这里出土了很多在表面印有或绘有“缠结”“棋盘格”“八字纹”等各类纹饰的陶器，在其中一部分陶器的底部还发现有类似编织物的印痕。通过上述迹象，我们可以推断，那时生活在该地区的人们也已经开发出并掌握了利用草木秸秆、

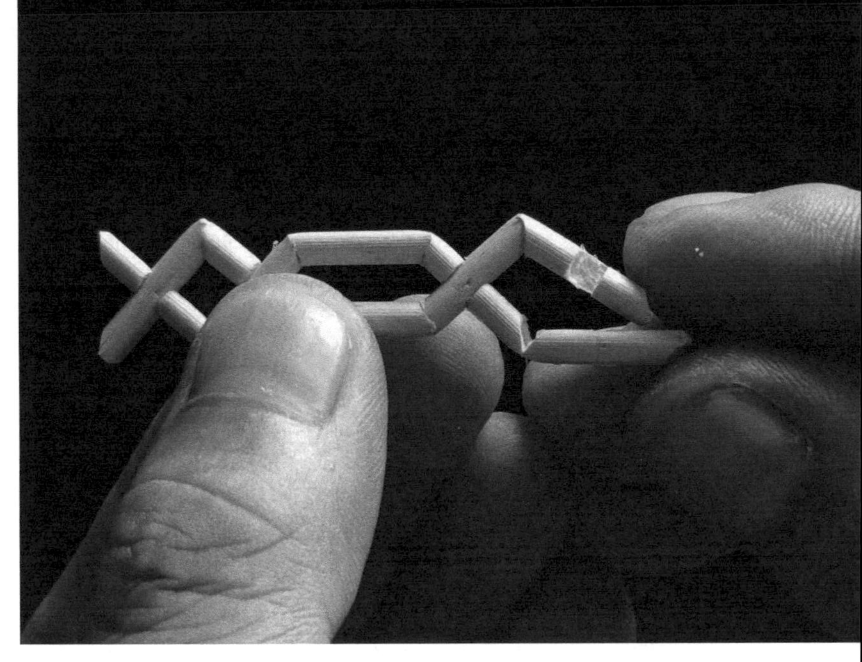

用秸秆制作各种纹饰

藤条、竹片等来制作和编织物品的技能。

目前已发现的我国历史上最早的“粮仓城”遗址，是位于河南省周口市淮阳区的时庄遗址。2019年，正是一个秸秆生态能源综合利用项目落地开工前的先期勘探，让这座储粮城邑重见天日。通过对遗址中采集到的样品进行碳十四测年，显示粮仓的使用时间是夏代早期，距今已有3750~4000年。目前，在时庄遗址范围内已发掘出粮仓建筑29座，在对底部进行清理的过程中，分析当时铺垫所使用的材料应该是芦苇秸秆及其编织物。

同样是在陕西省，在距离半坡遗址一百多公里外，位于咸阳市旬邑县张洪镇的西头遗址，是2018年开始系统发掘的一处商周时期大型聚落。在遗址内发现有两处深坑，均为当时储粮窖穴的遗迹。深坑底部的坚硬土层是经火烧后板结而形成，局部还平铺有石板，其上有一层厚度在二至四厘米的植物秸秆类堆积。在其中一个深坑内，西北大学的考古专家还在一个用来储存粮食的大型三腿陶瓮上，发现了一个黑红两色、由秸秆编制而成的圆盖。这大体应该是目前已发现的、最早的器物类秸秆制品的实物，距今约有三千年的历史。

此后，从甲骨文、金文、大篆、小篆，再到隶书、楷书、行书、草书，文字的出现，让我们迈入了有史可考的新阶段。

在殷墟发现的甲骨文中，就已经有了表示秸秆的字符，甚至还有关于秸秆还田的记录，只不过那时的秸秆还田并不是简单地为了给土壤增加肥力，更重要的这是一种祈祷丰收的祭祀仪式。另外，“秋”字的字形演变也与秸秆有关。在甲骨文中“秋”字的写法有两种：其一是一只振翅鸣叫的蟋蟀的样子；其二是在蟋蟀下面再加了一个“火”。两种写法的本意都是非常形象地用蟋蟀的鸣叫来指秋天，同时也说明当时的人们已形成焚田杀虫的耕作习惯。但到小篆中，“秋”字却一下子变了模样，从甲骨文的上下结构变成了左“火”右“禾”的左右结构，已经非常类似于我们现在所使用的“秋”字，使用“会意”方法造出来的“秋”字，表现的就是秋天火烧秸秆的现象。之所以会产生这样的变化，是因为随着生产力的发展，农业生产愈发重要、对生活的影响也不断加大，故以在作物成熟后焚烧秸秆、准备下一轮播种的新生产生活方式，取代了选用“蟋蟀”指代秋天的会意造字构成。

《礼记》是我国古代一部重要的典章制度选集，所载内容主要是周代至先秦时期的礼制，如冠、婚、丧、祭诸礼的“礼法”等。在《礼记·曲礼》中有记载：“天子之六工，曰土工、金工、石工、木工、兽工、草工……”其中所载的“草工”就是负责“作萑苇之器”的工种，即使用各类作物的秸秆，编制草席、鞋履、斗笠等生产、生活物品的专门行业。在被誉为我国古代诗歌开端的《诗经》中，集录有西周至春秋时期的诗歌三百余篇，其中，在反映周代劳动人民真实生活的《国风》中有一篇《七月》，里面吟诵着“七月流火，八月萑苇……”的内容；在《小雅·无羊》中也歌咏有“尔牧来思，何蓑何笠……”的诗句。

由上述文字记载可推测，当时“草工”这一行业不仅在民间具有相当的普及程度和一定的生产规模，而且更是受到了统治阶级的认可，因此才可以被列为“六工”之一，同时也表明了草工行业在当时所具有的一定社会影响。这类以各种秸秆为原材料，以纯手工制作为方式的生产，在客观上也作为原始手工业发展的一个组成部分，促进着手工制品制作水平的提升。

秦汉时期，我国进入了封建社会的发展阶段，社会生产力水平的显著提高和科学技术的不断进步，也同时促进手工业的发展和行业内的专门化细分，各类手工产品在种类、数量、制作水平等方面也都有着很大提升。在湖北省孝感市云梦县睡虎地秦代墓葬中出土的大量竹简中，就记录有“如禾稼、刍藁、辄为廥籍，上内史”的内容，其大意是：要将禾稼和刍藁一同入库，并登记造册进行上报。因为在那个时期，刍（干草）藁（秸秆）都属于重要的战略物资，其缴纳和收储是与粮食同等重要的大事。而且，在秦代的赋税项目中还专门设有“禾藁税”，明确将秸秆作为纳征物品，每年春秋各缴纳一次，标准为每百亩田地三石（不同时期、地区标准均有变化）。此时，秸秆的收集、储存和使用很多都是在国家的干预和控制下进行的，可见其在当时生产、生活中起到的重要作用。西汉时期，政府中设有专门机构负责对手工艺行业进行分级管理，采取了多项积极措施促进其发展，此举也造就出了我国历史上手工业的第一个高峰。在以丝织、漆器、冶铁等为代表的手工业大发展中，采用秸秆为原材料的各类加工技艺及其产品种类也逐渐增多。从儒家五经之一《尚书》中的“三百里纳秸服……”到《后汉书》中的“以木为重，高九尺，广容八历，里以苇席……”都可以从实际用途方面，对秸秆用品在当时的生产和使用状况进行印证。东汉时期许慎所著的《说文解字》，可以说是我国的第一部字典，其中对于“秸”，《说文解字》解释为——“稭：禾稾去其皮，祭天以爲席。从禾皆聲。古黠切。”说明此时，以秸秆为原料制作出的席子、秸帘、斗笠等，早已成为人们司空见惯且不可或缺的日常用品。有考古证据表明，此时的山西、陕西、河南等地或已有一定规模的高粱种植，按照上述生产、生活习惯，当时的人们想必不会视高大、挺拔、粗壮的高粱秸秆而不见，必定会对其进行充分的加工和利用。

魏晋南北朝时期，北方地区是战乱连年、民不聊生，在相对稳定的南方，手工业作为社会经济的组成部分，其生产力及技术水平总的来说，还是得到了缓慢且不平衡的发展。这一时期的手工业生产以官办手工业为主体，但工匠的社会地位不高，甚至可以说是低微。后期，政府对于工匠的人身控制随着时间的推移而逐渐放松，工匠们获得了一部分为自己进行生产的时间，从而提高了劳动积极性，直接地推动了民间手工业技术的提升和活力的增加。在当时的手工业生产中冶金、陶瓷、纺织、煮盐、酿酒等行业，占据了重要的地位，其余各业均以私营作坊为主，规模有限，故影响不大。其中，值得我们关注的是酿酒业，得益于酿造技术的长足发展，出现了酒类饮品“流向”民间的第一次高潮。在北魏贾思勰所著的《齐民要术》中，就详细记载并科学总结了我国北方民间制曲、酿酒的方法，其中就有以高粱为主要酿制原料的“酘酒”。相传“不为五斗米折腰”的陶渊明就曾“假公济私”地在公田里种植高粱，目的就是酿造更多的美酒。酿酒所需直接促进了高粱的种植，伴之而生的高粱秸秆自然不会被浪费，可以被用于制作炊帚、挂帘、锅盖等生活用品。

隋唐时期，国力强盛，人民安居乐业，社会经济和城市商业的发展也继续推动着手工业的繁荣。隋代，在太府寺设有左尚方署、右尚方署、内尚方署、织染署、掌冶署等机构，负责管理官府手工业，其中的右尚方署就是“掌皮毛、胶墨、席荐等作”。据传，以小麦秸秆为原材料的麦秆画，就曾是隋代的宫廷工艺品，这或开启了秸秆制品从日用品向艺术品方向转化的新路。唐代的统治阶级也非常重视手工业的发展，并设立了专门的监督机构，如少府监、将作监等，采购、监管、销售等各个环节，都设立有专门的岗位并有明确的分工。政府与私人手工业均纳入管制范畴，并依其经营特点，制订

使用高粱秸秆制作的盖帘如今仍是生活中的常见之物

规范，公私分明。各类手工艺制品的制作技术和艺术水平已相当成熟，同时手工业开始出现了两极分化，官营手工业，通常不会向外贩卖，只供应皇家需要，其制品的工艺精湛、材料丰富、质量上乘；而市场上的工艺品大多来源于民间作坊，其工艺具有灵活、巧妙且实用的特点。随着民间手工业的逐渐兴盛，民间作坊的生产规模不断扩大、产品数量持续增长，各类新式产品也是层出不穷。秸秆制品的加工制作，也在满足实用功能的前提下，越来越开始注重产品的工艺性和装饰性，以秸秆为原材料，经熏蒸、漂染、熨烫、编织、绘制等工艺制作而成的秸秆画也从宫廷走向了民间。在唐代大诗人、诗仙李白的一首《鲁东门观刈蒲》中，“此草最可珍，何必贵龙须；织作玉床席，欣承清夜娱。”的句子，生动形象地描写了通过劳动人民的辛勤劳动，变废为宝、妙手生花的秸秆（蒲草）加工工艺。

宋元时期，结束了五代十国以来近百年的又一次大分裂，为社会文化发展提供了基本保障。人口的增长、需求的扩大以及商品经济的持续繁华，使手工业呈现出一派朝气蓬勃的景象。此时的手工业已分为了官办和民办两大体系，官办汇集了全国的精工巧匠，产品选材精良、制作讲究、精巧华美，代表着时代的最高水平；而民间作坊和家庭手工业，则是用以满足民众社会生活的日用之需。正是以此为开端，手工艺产品开始出现了完全脱离实用功能而转向纯赏玩用途的现象，其中最具代表性也最为人们所熟知的就是瓷器，很多精工细作的官窑瓷器，制作的目的只是观赏而已。手工行业的整体发展也促生了专门生产秸秆制品的作坊，秸秆制品在种类不断丰富多样的基础上，工艺水平也是持续提升。特别是在宋代，高粱开始得到推广、种植面积扩大，从存世的宋代画作中，就可以看到当时高粱遍野、结满穗粒的丰收场景。由此产生的大量高粱秸秆也成了加固河堤、治理水患的重要材料，同时以秸秆为材料的手工艺创作也获得了更多原料。元代农学家王祯所撰的《农书》，是总结我国农业生产经验的一部农学著作，在农业发展史上具有重要意义，在书中就载录有众多以秸秆为材料制成的草编、洗帚、笼篓、篱笆等。该书在系统总结古代农业生产技术经验与传统农器的同时，还折射出当时对草、秸秆、秫秸等农业废弃物的特性认知和广泛的社会用途。

明清时期，持续了两千年的官营手工业，开始显著地衰退，而民间手工业借助市场的力量日益壮大。明初，农业生产发展到较高水平后，一部分农民开始从农业耕种中走出来，进入城市变成了专门的手工业者，推动了手工业的发展和技术的进步。同时，施行的匠籍及轮班制度将各地的能工巧匠汇集于京城，百工献技促生了众多精美的器物和产品。与此同时，“巧夺天工”的价值取向在手工业领域进一步强化，社会、经济、文化的延续发展，促使手工业的内部分工更加细化，出现了专门的篾匠、帘子匠等，各行业的内部也逐渐开始形成了工艺流程、操作技术等规范，手工行业也达到了前所未有的水平。至清代，统治阶层对精致生活的更高需求，直接促使手工艺产品中的一部分转变为艺术品。特别是在文人、士大夫等阶层中，将大量志趣和精力投入并花费在手工艺品的设计、制作过程中，很多雅致精美的作品可谓登峰造极，对后世产生了巨大的影响。随着生活水平的提高、产业规模的扩大和大量经营个体的出现，相对瓷器、玉器、漆器等名贵手工艺产品，竹、草、藤等编织类的民间手工艺，也形成了一个独特的领域，成为工艺美术领域不可缺少的组成部分。各类以秸秆为原材料的手工制作也是越发重视装饰效果，秸秆画、草编等以纯装饰为目的的产品大量出现并逐渐成熟。同时，各项以制作为基础的手工技艺，也开始通过家族承袭、师徒相授、作坊流传等方式，代代延续。

在遥远的大洋彼岸，加拿大多伦多市的安大略皇家博物馆中，藏有源自中国的甲骨、玉器、陶器、青铜器、壁画等珍贵文物三万余件。其中，不仅有明末将领祖大寿那总重达一百五十余吨的完整墓葬等重量级文物，也有一把用高粱秸秆扎制而成的清代扫帚。这把扫帚的长宽高分别为 25 厘米、11.5 厘米、2 厘米，制作材料和方法与我们现在日常使用的扫帚无异，就是将十余根高粱的头穗部分打去籽粒后，绑扎固定在一起后修剪成型。无独有偶，在世界上历史最悠久、规模最宏伟的综合性博物馆之一——大英博物馆中，也藏有一把来自中国的高粱秸秆扫帚，在介绍中还对其制作技艺进行了描述：由谷穗和秸秆捆绑而成的扇形。一些深红色、棕色和黑色的种子仍然附着在上面。顶部的一个小环，用于悬挂。“感谢”外国人当年在网罗中国宝物时的兼收并蓄，才

安大略皇家博物馆所藏的中国扫帚

大英博物馆所藏的中国扫帚

使得这两把原本只会出现在百姓“炕”头儿并随着使用而泯灭的扫帚，竟然在漂洋过海之后，成为“东方艺术品”并陈列于世界级知名博物馆的殿堂之中。

扫帚进博物馆在我们大多数人看来多少还是有些戏谑的味道，因为即便时至今日，各种以农作物秸秆为原材料制作而成的器物，依旧是百姓生活中的寻常之物，席垫、扇子、笤帚、门帘、锅盖、篦子等无处不在。同时，在满足各类日常生活所需后，通过编织、拼搭、烫染等艺术手段加工而成的秸秆手工艺制品，也是各具千秋。

截至 2023 年底，在国家级非物质文化遗产代表性项目名录中，主要使用各类农作物秸秆为原材料进行制作的项目就包括有草编、柳编、彩扎、棕编、麦秆剪贴等八个大类的共 29 个项目。如将统计范围扩大至省、市、县各级非遗名录，与秸秆直接相关项目的数量可达数百项之多，秸秆艺术品在华夏大地可谓处处生花。

二、高粱及其用途

在众多农作物所产出的秸秆中，高粱秸秆从尺寸、质地到外观，都是数一数二的。作为禾本科的一年生草本植物，高粱也是最古老的人类栽培作物品种之一，因受到人工培育、进化的影响时间很长，所以逐渐形成了大量不同类型的变种。在我国，高粱因时间、产地和品种的不同，叫法各异，关于我国高粱的起源问题，学术界尚无定论，大致可归纳为以下三种观点：

一是非洲起源说。其主要论据是通过基因分析，发现现有的高粱品种大多源自非洲，而且在非洲东南部莫桑比克的溶洞中，还曾发现了十万多年前粘有高粱粒的石器。由此，认为非洲的野生高粱是高粱们的共同祖先，经人工栽培后传往世界各地，其中一条传播路径，就是通过印度传入中国。

二是中国起源说。根据考古发现推断，认为我国最早的高粱栽培可上溯至新石器时代，后在东北、华北、西北等地进行广泛种植。在我国新石器时代至后期的考古遗址中，很多都发现有类似高粱的炭化籽粒或其他佐证，这是支持高粱本地起源的主要论据。

三是多起源地说。认为高粱的起源地并不唯一，在漫长的驯化过程中，不断发生杂交融合，形成了有六个亚系、三十余种、一百五十多个变种、五百多个类型的庞大高粱家族。

关于高粱起源问题的众说纷纭，直接导致了对其在我国栽培历史的各抒己见。

根据对现有考古成果的不完全统计，在我国疑似有高粱出土的遗址，时间早于汉代的大约有十处，包括：山西省运城市万荣县的荆村遗址、河北省石家庄市的市庄村遗址、江苏省淮安市涟水县的三里墩遗址、河南省郑州市的大河村遗址、陕西省咸阳市长武县的碾子坡遗址、甘肃省张掖市民乐县的东灰山遗址、辽宁省大连市的大嘴子遗址、河南省洛阳市的皂角树遗址、河南省汝州市的李楼遗址、山东省滕州市的庄里西遗址。

种植的高粱

其中，大河村遗址、皂角树遗址、东灰山遗址、李楼遗址和庄里西遗址的“疑似高粱”，基本已被学界认定为其他谷物。在其余几处遗址中所发现的“疑似高粱”，由于没有经过专业的植物学等方法鉴定，故真实性存在一定争议。

在对两汉至魏晋时期的遗址发掘中，辽宁、内蒙古、山西、广东、江苏、陕西及河南等地，也发现有十余处“疑似高粱”，但其中大部分也是无法通过科学严谨的手段给予定论。只有在山西省运城市平陆县的西延村汉墓和盘南村汉墓，两处出土的小陶罐和陶仓中，清理出的高粱米外形保存十分完好，被评论为：但凡见过高粱的人，一眼就能认出。

关于高粱的各种扑朔迷离，还有存在于古籍中对其记载的莫衷一是。有学者认为，在贾思勰的《齐民要术》以及郭义恭的《广志》中所述的“大禾”（大禾高丈余，子小如豆，出粟特国）就是高粱，但这一观点尚具争论。“高粱”一词最早见于元代王祯的《农书》，不过在历代古籍文献中，被推测或认为是高粱的古名却多达上百种，李时珍在编写《本草纲目》的过程中，虽然是“考古证今、穷究物理”，解决了许多疑难问题，但始终也没能搞清因高粱称谓而导致的困惑，只得将各种名称简单地进行了抄录，如：芦穄、芦粟、木稷、荻粱……此外，高粱还有蜀黍、秫黍、稻黍、乌禾、杨禾、大禾、芦穄、粱秫等叫法。至今，对于这些名称是否对应的就都是现在我们所说的高粱，农史学界、考古学界依旧是众说纷纭、见仁见智，无法形成统一观点。

目前，通过对考古发现、野生分布、文献记载等方面的分析，结合DNA的检测分析等手段，主流观点推测，高粱大概率是在两汉至宋元时期从印度等地通过多条路径传入我国。不过，无论高粱的起源、传播、称谓及栽培情况如何？其作为主要粮食作物之一，在我国至少都有着一两千年的种植历史。经过不断地自然和人工选择，我国古代人民培育出了许多不同的高粱品种，其中有百余个品种可见于各时期的地方志、农书等文献中。特别是自明代开始，高粱开始被大面积种植，区域以东北、华北、西北等北方地区为主，在南方地区也有分布。至清代中期，因河堤治理加固、烧酒（白酒）酿造等而产生的大量需求，使得高粱的种植面积进一步扩大，甚至开始挤占其他作物的“地盘”，各地纷纷出现了一片片火红的高粱地。清代末期，在东北、华北地区，高粱的种植面积占比，常常是高居第一。

虽然作为粮食来讲，高粱的口感属实较差，既粗粝，又发涩，还不易消化，但在与人们相伴的漫长岁月中，高粱因其抗旱、抗涝、耐盐碱、耐贫瘠、适高温等特性，成为缺水少雨、土壤及地质条件恶劣地区的优势作物。历史上，高粱也曾在不同时期，多次成为拯救生命的救命粮，时至今日，能够旱涝保收的高粱仍在很多地方被誉为“生命之谷”。此外，高粱可谓是“浑身是宝、株无弃才”，除其籽粒所具有的食用、饲用、酿造用、制饴用、医药用等多种用途，其秸秆的用途更加广泛，可用于燃料、农业及工业生产原料、建筑原料、医药等，还可用来制作各种日常生活用品、工艺品、乐器、教学工具、儿童玩具、丧葬礼仪用品等，常在各地民俗活动中扮演着重要角色。

高粱秸秆制成的儿童玩具

正是因为高粱的用处如此之多，所以千百年来人们也一直没有停止过对于它的驯化和培育。现在，全世界的高粱按照用途，通常可分为粒用高粱、糖用高粱、帚用高粱和饲用高粱等类别。粒用高粱以获取籽粒为目的，茎秆高矮不等，穗密而短，籽粒品质佳，成熟后易脱落；糖用高粱用于制糖或酒精，茎秆高、节间长且富含汁液，成熟后的含糖量一般可达 10%~20%；帚用高粱的穗大而散，通常无穗轴或穗轴很短，籽粒小且有护颖包裹，不易脱落；饲用高粱茎秆较细，穗小，有籽粒但品质差，茎秆多汁，含糖较高。

高粱粗壮的秸秆，在历史上曾是受到高度重视的一类资源。清顺治年间，就在工部下设置了专门负责高粱秸秆采买和分发的机构——秫秸厂，该机构一直延续了二百余年，至清光绪年间裁撤。由此可见，高粱秸秆在以农业为主体的生产环境下，所占的重要物资地位。

河北省廊坊市永清县的历史可上溯至商代或更早，该县地处京、津、保三角地带，属永定河（古称浑河、桑干河、无定河等）泛区，元、明、清几代高粱都是这里最重要的农作物品种之一。永定河的水患对周边区域的侵扰由来已久，自金代至清末的大约九百余年间，永定河仅有文字记载的就曾发生近百次决口、九次改道，虽历代均有疏浚，但还是平均不到四年就会暴发一次洪灾。为此，人们选择在此地规模种植高粱，一方面是它的旱涝保收可以提供较为稳定的口粮供应，另一方面就是高粱的秸秆也是水患治理中重要的施工用料。

有研究表明，在我国河北、河南、山西等地，人工种植或半野生分布有被统称为“风落高粱”的一个高粱大类，其中还包含多个不同品种。千百年来，随着先民们的不断迁徙与相互往来，客观上也为不同高粱品种的杂交提供了便利条件。在经历了漫长的自然杂交和选择过程之后，在永清本地生长的有一种穗子下垂、秸秆细长、色泽光亮的高粱品种，被人们称为“黄黏高粱”。

现在，在制作秸秆扎刻所使用的高粱中，有一种是以“黄黏高粱”为基础，在人工干预条件下与源自东北地区的“大头高粱”进行杂交而得，其秸秆具有质地坚实、密度大、韧性好的特点。这种高粱如果按照一般用途来看，绝对是一个异类，因为它秸秆中的含水和含糖量都不高，而且穗子很小且几乎不结籽，如果硬要统计亩产量的话，顶多只有二三斤。恰恰正是如此另类的个性，促使这高粱中的“奇葩”成为制作秸秆扎刻的最佳原材料，这就是——铁杆高粱。

三、秸秆扎刻

秸秆扎刻按照工艺分类可归属于彩扎这一大类。

传统的彩扎，也称纸扎或绸扎，是使用竹子、秸秆等能够起到支撑作用的材料做骨架，然后再用纸、布、绸等进行裱糊，最后施以彩绘等装饰手段，制成各类人物器物、花鸟禽兽、建筑风景等。彩扎工艺自唐代兴起，至宋代达到鼎盛，明清时已经传遍大江南北。

成熟的铁杆高粱

秸秆扎刻与传统彩扎的异同在于，其基本上只依靠使用秸秆进行“扎”即可完成，“彩”只是对作品的极少量点缀，如花灯下面悬挂的彩穗等。此外，在“扎”的过程中，是完全依靠在秸秆上所刻出的榫、槽结构进行固定连接，无论多么大型的作品，主体结构中也绝不会使用一颗钉子、一滴胶水。

现在的秸秆扎刻作为一种民间扎制艺术，基本都是以高粱的秸秆为原材料，作品多为各类小装饰品和花灯、器物和建筑模型等工艺品。之所以将其称之为艺术，是因为它已经从利用高粱秸秆制作服务于日常生活所需的产品，提升到成为具有较高艺术水平、体现人类技术和智慧的手工艺制品。这种提升的发生不会是一瞬间，势必是要经历一个漫长的演

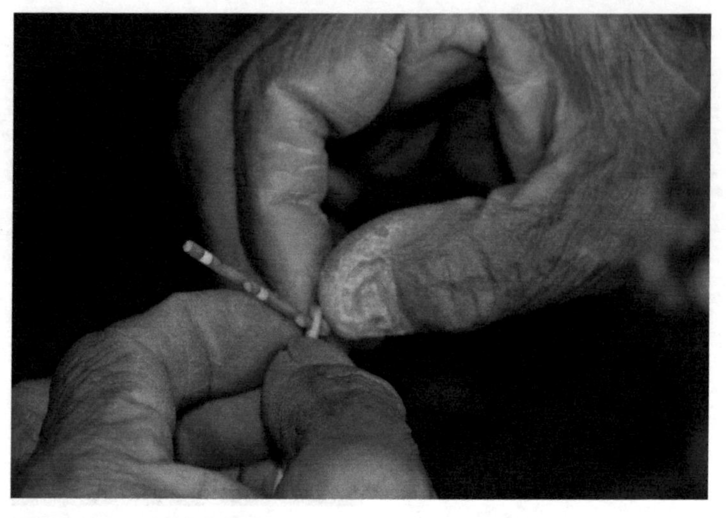

通过在秸秆上刻槽咬合进行连接

变过程，其具体的持续及完成时间，虽无准确的史料记载和实物证明，但据推测或可追溯至明代。

明代初期，明成祖朱棣决定迁都北京，在建造紫禁城的时候，留下了很多脍炙人口的传说故事，其中流传甚广的就有一则《角楼的传说》：

相传，明成祖朱棣皇帝在筹划紫禁城建设时，曾梦见皇宫的四角各有一座造型别致、超凡脱俗的角楼，其结构由九梁、十八柱、七十二条脊构成。梦醒后，朱棣决心将梦境变为现实，遂命令大臣召集能工巧匠，限期三个月完成角楼的建造，若逾期未完，将严惩不贷。

但转眼时间过了大半，任凭工匠们绞尽脑汁、冥思苦想，也还是没能设计出符合皇帝要求的角楼。此时正值酷暑时节，被这桩差事逼得走投无路的工匠们更是烦躁难耐，偏偏就在这当口，门外传来了“买蝈蝈，听叫去；睡不着，解闷儿去！”的叫卖声，随之传来的蝈蝈叫声更是此起彼伏。“真是吵死个人了！”一名心烦意乱的工匠起身就向外走，准备去赶走卖蝈蝈的人。

当他来到门外，看到旁边站着的是一位老者，所售的蝈蝈都是装在用秫秸秆制成的小笼子里，这蝈蝈笼子的做工很是精巧，怎么看怎么觉得不一般。于是，他买下这好看的蝈蝈笼子拿了回去，叫大家一起来仔细研究。可不看不要紧，大家一看才发现，这笼子的结构竟然与皇帝所描述的角楼如出一辙，正好是九梁、十八柱、七十二条脊。

正是受到蝈蝈笼子的启发，工匠们迅速完成了角楼的设计方案，完美契合了皇帝的要求。最终，紫禁城四座精美绝伦的角楼得以建成。大家都猜测说，那位卖蝈蝈的老者实为鲁班化身，特意前来助工匠们一臂之力。

传说毕竟只是传说，不必纠结其内容的真实以及情节的可信程度。但其中提到的由秫秸秆，也就是高粱秸秆所制成的蝈蝈笼子，想必在当时已是寻常之物，不然也不会被写进传说里，就更不会被广为流传。而且，这则传说的版本有很多种，都是经过一代一代人们的讲述口口相传而来，其出处早已不可考，目前能查阅到的较早成文记载，是著名民俗专家金受申先生根据老工匠们的口述进行整理的，按此进行最保守的推断，其起源和流传的时间就算到不了明代，最晚也可追溯至清代。民间，伴随着传说一起流传开来的不仅仅是

《故宫角楼》

作者：徐晶晶、徐健

人们口中的故事，在河北、山东、陕西等地至今依然还有不少擅长制作高粱秸秆工艺的高手，蝈蝈笼子也是最常见的产品之一。他们各家的工艺起源也多源自明清时期，但很可惜，目前能够保存下来的实物，基本都是制作于晚清、民国，大概只有一百来年的历史。与此相关的还有一段脍炙人口的轶事，就是末代皇帝溥仪在退位多年后，购票再入紫禁城，特地去一处大殿的椅子下面，找回了多年前自己藏在那里的心爱玩物——一只蝈蝈笼子。

蝈蝈笼子作为秸秆扎刻工艺的一个缩影，在传说中成为紫禁城角楼的原始蓝本，现实中的扎刻工艺，其技艺水平也确实已经达到足以胜任制作皇家建筑模型的高度。

自明末清初始，出现了一个声名远扬的皇家建筑师世家，八代人包揽了颐和园、避暑山庄、清东陵、清西陵等我国五分之一世界文化遗产的建筑设计工作，这就是大名鼎鼎的“样式雷”。在我国历史上，工匠们的名字除了“物勒工名，以考其诚”外，是很难被记入史册的，作为历史上屈指可数、能够名垂青史的建筑师，“样式雷”正是因其制作的烫样而得名。

所谓烫样，就是建筑的立体模型，制作使用的主要原料有木头、秫秸秆和纸张等。制作烫样时，先要严格按照比例将建筑各部分进行缩小并通过熨烫成型，然后再用水胶进行

高粱秸秆扎刻制成的蝈蝈笼

粘接。其中有一整套严谨的操作规范，为后续使用高粱秸秆制作建筑模型等大型作品，奠定了坚实的理论和实践基础。

但正如前文所叙，在我国浩如烟海的古籍文献中，对于工匠姓名的记载确实是寥寥无几。即便是建造皇宫紫禁城这种耗时十八年、动用人工数以百万计的庞大工程，留下名字的工匠也仅有蒯祥、蔡信、杨青等屈指可数的几人……而且，从人物的数量到事迹的描述，远没有各种传说来的俯拾皆是和精彩纷呈。究其根源，还是与“工”在封建时期较低的社会地位有关，个别工匠得以青史留名的原因，除技艺精湛外，恐怕更主要的还是他们都被封有官职，比如蒯祥做官做到了副部级并享受正部级待遇（工部左侍郎、食一品俸）。

对工匠的态度尚且如此，再延伸到工匠们的看家本领，记录内容更是相当有限和保守，技艺主要还是通过口口相传或其他非文字记录的方式传播和传授。固然出现了《天工开物》《物理小识》《三才图会》等科学技术类综合性著作，叙述了种植、冶炼、陶瓷、糖盐、织染、酿造、金石、草木、医药等行业的生产技术、工具和经验等；还有《髹饰录》《园冶》《神器谱》《装潢志》《陶说》等针对某一行业的技术著作，但主要都是生产规模大、市场需求高、影响范围广的规模型行业，同时内容也基本不涉及“技术机密”。至于散落于民间且数量更为众多，就地取材、分散生产的个体或家庭作坊式手工业，“正史不载、野史无记”的状况依旧。

其实，不仅在我国，即使放眼全世界，类似的情况也比比皆是，从埃及的金字塔到英格兰的巨石阵，从智利的复活节岛石像到柬埔寨的吴哥窟，几乎在地球的每一块大陆上都有先人们遗留下的、极具传奇色彩的古代奇迹工程。不知是巧合还是古人们不约而同地故意为之，关于这些令现代人瞠目结舌的伟大工程是通过何种方式、何种技术、何种原理进行操作和完成，存在着大量的不解之谜。由于同样没有文字或者其他方式的记述，现代人能做的只有推测而已，说得更直白一些就是——猜。

回到华夏大地，可被称为奇迹的古代工程也是不胜枚举，比如紫禁城中保和殿后那块二百多吨重的整块丹陛石，在六百多年前，究竟是如何开采和运输的？即便是皇宫这种最高等级的工程，依然没有对此留下只言片语，就更不用说民间手工艺这类小得不能再小的“玩意儿”了。大到工程施工方法，小到工艺细节技巧，这些无形的智慧都随着时间湮灭在了漫漫历史长河之中，只留下了一个个未解的谜团。其实，“非物质文化遗产”这一概念提出的缘由，就与此有密不可分的联系，后面的章节还会具体说到。

在我国民间，传有这么一句俗语：“教会徒弟、饿死师父”，用非常通俗易懂的方式，直观地表述出了在技艺传承过程中的提防心理，为此师父们在教授徒弟的过程中就约定俗成地奉行了“留一手”的行规。所谓“留一手”简单来说，就是不到最后时刻或万不得已，绝不会把最关键、最核心、最奥妙的绝技教给徒弟。结果，经过师父们不断地“留一手”，很多技艺就真的“绝”了……在一日为师、终身为父理念下的师徒相授都存有如此之多的心机和芥蒂，再指望着把这些绝技一五一十地用文字记载下来，那就更是有些天方夜谭了。

如果说师徒只是亲如父子，那真正有血缘关系的一家人之间，技艺的传承情况是什么样的呢？关于这个问题，可以通过清嘉庆十八年（1813 年）编纂的《永清县志》中的记载窥见一斑，原文如下："器良易售，云是有巧术。乡党相约不得授法于女子，恐女子嫁别村转授夫婿，争其业也。"这段文字是对当地柳编行业的描述，大意是：当地手艺人制作的柳编器物精巧实用，所以非常畅销，他们互相约定，不允许把这门手艺传给家里的女孩子，怕手艺随着女孩子出嫁而被外传，进而会影响自家的买卖。归纳总结一下，就是常说的"传男不传女、传内不传外"，因为这手艺是一代甚至几代人赖以为生的仰仗和依靠，所以"口传心授"的方式感觉上要比用文字记录成"秘籍"安全得多。

说回到秸秆扎刻，纵然有种种迹象都在表明它作为一项民间技艺的存在由来已久，但在实际考证过程中，却只能尴尬地"捕风捉影"。抛去"留一手"和"不外传"这种主观上不愿意记录的原因外，当时民间匠人目不识丁的文化水平也在客观上极大地限制了这种记录的发生，继而形成了很民间、很普遍，但也很空白的现实状况。

翻回那册清嘉庆十八年（1813 年）的《永清县志》，继续在其中找寻关于秸秆扎刻的"蛛丝马迹"。

其中的农事部分有记载："永邑地硗瘠，树艺须粪。至春，种谷，种豆，种黍、稷、大麦、稗子、芝麻、高粱、玉

清嘉庆十八年（1813年）《永清县志》

粟黍之类。夏种荞麦。秋麦则于白露、秋分二节种之，晚则欠收……”土产部分记载为：“凡物产与邻壤略同，无专出者。谷之属，谷五色俱全。黍稷，稷有三种，黍有二种。大麦、小麦有二种。荞麦、豆，各色俱有。稗子、芝麻、高粱三色。玉粟黍苞间有白须木之属……”从这两段记载中可以看出，高粱是永清及周边地区主要种植的农作物种类之一，这为秸秆扎刻的制作提供了必要且足量的原材料保障。

在体现县内商业和手工业的内容中，有这样的几段记述：

（1）东乡滨河，河东韩村、陈各庄一带，地土硗瘠多沙碱，不宜五谷。居民率种柳树。柳之大者，伐薪为碳；细者，折其柔枝，编织柳器……大者为筐，可容石许；小者或类盘盂，方圆径二三寸。量其工力繁，约而计其直……

（2）南乡信安镇，逼近文安、霸州。二乡故多水宕，其产芦苇、蒹葭，霜落取材，信安人就往贸之。劈缉为席，席之大者，长一丈、宽四尺余……而苇席需用者多，官司徵索……

（3）西乡土瘠……无业之民则购稗草、秫皮，编为草具。圆匝如筐，蒸饭或饮食之类……人多市之，其利与柳器略相上下。

从上述描述中显而易见，清中期的永清县内，已经形成了相对固定的手工业从业人群，柳器、芦席等以植物为原材料的编制器物，是他们的主要产品。这些民间手工技艺的长期存续，既体现出这一类手工技艺的水平和传承，也从侧面印证着其他流变或近似工艺的共存共荣。

当柳编、制席、草编这些逐渐形成了以手工技艺为基础的独立行业，而与它们异曲同工的秸秆扎刻却仍零散于民间，分析原因抑或有以下几个：

（1）原材料的限制。高粱秸秆虽然在当地有较大量的出产，但对其的需求量也同样巨大。比如在清代治洪时，除硬性向各县乡规定必须派出的民工数量外，还将高粱秸秆作为重要的防汛物资一同征调。此外，民间高粱秸秆的使用量也非常大，在修墙筑房、饲料肥料、日常用品制作等方面用途都很广泛，即便仍有剩余，也是上好的燃料。所以，可用于扎刻这类非生活必需品制作的秸秆数量非常有限，根本无法使之形成规模化的行业生产。相较于高粱秸秆，柳条、芦苇等原料更易取得且他用甚少，以其为原材料的手工行业的兴起即得益于此。

（2）制品的两极分化。高粱秸秆的制品呈现出非常明显的差异，一类是太过于日常，如篦子、盖帘、扫帚等家用器具，对手工技艺的要求极低，大多都可以自给自足，不需要另行购买；另一类是太脱离日常，蝈蝈笼子一类消遣所需之物，游离于大众生活必需之外，多属自娱自乐，在当时的市场需求极低。

（3）不具备商品属性。明清时期，是我国商品经济发展的一个重要阶段，民营手工业日趋兴旺并开始出现资本主义萌芽。在这样的大背景下，秸秆扎刻其技艺多表现为节庆、祭祀等活动中的所需，如花灯、彩人、彩楼等，再有就是如同蝈蝈笼子那样的个人爱好，当然更多的还是各家自制的种种生活器具。如此缺乏商品属性及市场需求的秸秆扎刻作品，在手工行业不断细分的过程中，始终无法形成“自成一家”的独立门类。

秸秆扎刻就是如此难辨其踪的一项民间手工技艺，因为它原材料的唾手可得和制品的司空见惯，在人们的意识里甚至没有把它作为一项专门的技艺。但也正是这看似平淡无奇的小手艺，经过一代代民间匠人之手，日益精进、日趋成熟，特别是随着生产力的不断发展，秸秆扎刻也完成了从日常用品向手工艺制品的转型。

现今，许多的传统手工艺制品逐渐淡出人们的视野，但各类由高粱秸秆制作而成的用品依然在人们的日常生活中占有一席之地。由艺人们制作的秸秆扎刻作品的种类，更是已经从小小的蝈蝈笼子，发展到做工考究的各式花灯、精美绝伦的大型建筑模型等，而后更衍生为匠心独具的文创产品，他们用自己的智慧和双手，让这项古老的民间技艺焕发新的光彩。

《城楼》

作者：徐晶晶

第二章

从民间手艺到非物质文化遗产

2008年6月，国务院印发《国务院关于公布第二批国家级非物质文化遗产名录和第一批国家级非物质文化遗产扩展项目名录的通知》（国发〔2008〕19号），由河北省廊坊市永清县申报的“彩扎·秸秆扎刻”成功入选，项目编号：Ⅶ–66。从一项流传久远，也可以说是司空见惯的民间手艺，到国家级非物质文化遗产项目，秸秆扎刻的制作经历了从随意发挥、自得其乐到严谨规范、自成体系的蜕变，制品更是由简单粗放的日常用品向精雕细琢的手工艺品不断进阶。

国家级非物质文化遗产牌匾——彩扎·秸秆扎刻

一、分布现状

彩扎作为普遍流行于我国南北各地的一类传统民间工艺，常与祭祀、节庆、游艺等民俗活动密不可分，经过不断地衍生发展，在民间形成巨大的影响力。彩扎制品的形态种类十分丰富，花灯彩灯、鸟兽人物、彩楼建筑等应有尽有，制作技艺不尽相同，表现形式也会因各地风俗和物产之别，存在一定的差异。

具体说到秸秆扎刻，可归类为彩扎工艺中的一种，其技艺的分布大致与高粱的种植范围一致。高粱在我国南北方均有种植，尤其北方更多，因此在这些区域内高粱秸秆制品的

制作秸秆扎刻所使用的秸秆

出产，可谓比比皆是。以此为基础手工制作的秸秆工艺品，在各地也是由来已久并沿袭至今，据不完全统计，目前在天津市，河北省石家庄市、唐山市、承德市、邢台市、沧州市，山东省济南市、德州市、济宁市、临沂市，陕西省西安市，河南省洛阳市，黑龙江省齐齐哈尔市，辽宁省辽阳市，甘肃省天水市等地，都有制作秸秆扎刻的民间艺人，手工技艺及作品风格也都是各具特色，其中一部分项目和艺人，也都入选了各省、市、县级的非物质文化遗产项目名录。

秸秆扎刻作为在我国广袤大地上孕育出的、来自田野的民间智慧，在幅员辽阔的神州大地，一方水土不仅养育了一方人，也养育出了一方的秸秆扎刻，各具特色的扎刻作品形成了异彩纷呈的扎刻艺术，不仅承载着丰富的文化内涵，更展现了各地独特的地域风情。

东北地区，肥沃的黑土地孕育出了丰富的农业生产元素。这里的秸秆扎刻作品多以马车、农具、生活场景等为题材，通过精细的扎制和细腻的描绘，呈现出一派乡村日常的微缩景观。这些作品不仅反映了东北地区深厚的农耕文化，更展示了当地人民勤劳智慧的精神风貌。

山东地区的秸秆扎刻则彰显了齐鲁大地的粗犷和热情。这里的扎刻作品大气磅礴，装饰颜色鲜明亮丽，体现了山东人民豪放、豁达的性格特点。在秸秆扎刻的创作中，山东人民将自己的情感和审美融入其中，使得每一件作品都充满了生命力和活力。

西北地区地域广袤，民风淳朴。在这里，秸秆扎刻作品呈现出一种结构严谨、厚重坚实的风格。作品多以动物、人物等为题材，通过巧妙的扎制和精细的刻画，展现出西北地区人民的坚韧和勤劳。这些作品不仅体现了西北地区独特的自然风光和民俗文化，更传递了当地人民对生活的热爱和对未来的憧憬。

河北省内不同地区的秸秆扎刻，风格及作品也有异同，作品内容涉及古代建筑、花鸟鱼虫、人物肖像、家居装饰等多类题材。其中，古代建筑模型的制作以廊坊市永清县为代表，其工艺结合了包括古建筑的结构特征，平衡、稳定的物理性特征，榫、槽、角度的几何特征，建筑美学的观赏性特征和“六节稳固”的创造性特征等于一体，涉及几何学、物理学、力学、建筑学等原理。永清的秸秆扎刻从原材料的栽

秸秆扎刻独特的“六节稳固”结构

培、处理、加工到作品的制作、组装等，都形成了一套完整的工艺流程。

二、工艺流程

秸秆扎刻顾名思义，包括“扎”和“刻”两种工艺。“刻”是用刀在秸秆上挖槽，“扎”是通过刻好的槽将一根根秸秆锁定在一起。我国各地秸秆扎刻及高粱秸秆相关工艺的结构连接方式和主要制作方法大体一致，在具体操作程序和装饰手法等方面略有异同，现以河北省廊坊市永清县艺人所传承的工艺为例，简略介绍一下。

1. 高粱的选育和种植

在完美作品的打造过程中，优质的原材料是第一保障。为了得到数量充足、品质过硬的秸秆原料，离不开年复一年的经验积累和辛勤付出。

（1）选种

目前秸秆扎刻所使用的高粱，是多年来对几十个不同种类高粱的秸秆展开考察对比，在反复进行杂交培育及实用尝试后，主要选取了永清县本地的黄黏高粱与东北出产的大头高粱进行杂交而得。

黄黏高粱，因具有较好的结实能力，曾经是永清及周边地区主要种植的一个高粱品种，其秸秆纤细匀长，色泽呈鲜亮的浅黄色，但秆芯质地相对疏松，很多农村人家常用其制作盖帘等物品。大头高粱源自东北，其秸秆上下端的粗细差异较大，颜色也是红、黄不均，但秆芯十分致密。由两者杂交而得的铁杆高粱，成功地保留了黄黏高粱秸秆的形态、色泽，以及大头高粱秸秆的质地，将这些适于秸秆扎刻制作的优良性状结合于一体，成了一个特殊的高粱新品种。

（2）杂交

自然状态下，高粱是以自花授粉（同一株高粱上的雄花给雌花授粉）为主的一种植物，所以人工授粉选取的时机以及操作方法的准确性等，都直接关系到种子的质量和产量。

通常情况下，高粱会在抽穗后的三至四天开花，雄蕊从花中伸出，花粉由蕊端开裂的花药中散出，这个授粉的最佳窗口期大概只有一天，也就是二十四小时。按照永清当地的气候,这个窗口期一般会出现在每年农历的六月底至七月初，所以在此时间段内，要留意观察高粱的长势以及抽穗情况，不同植株会先后出现扬花、散粉，随时进行人工授粉。植株的开花有早有晚，与此伴随着的人工授粉过程，也会持续一周左右。

杂交所得的种子，再经过两三年的种植之后，就会出现生物学中所说的“性状分离”和“良种退化”现象，因此，像这样的杂交育种操作，每隔几年就需要重复一遍。

（3）选地

高粱作为粮食作物，种植的目的主要都是结实，因此需要充足的水和各类养分,特别是为了支撑顶部沉重的高粱穗，秸秆通常就会发育得很粗壮。

永清本地的原始土壤基础，是自永定河裹挟而来的泥、沙沉积所成，较为贫瘠，但这却恰恰符合了铁杆高粱的生长所需。以此种植出的铁杆高粱都是匀称的“细高挑”，颜色是光亮均匀的浅黄色,这样的秸秆才是制作扎刻的不二之选。

所以，铁杆高粱在种植的时候，就会专门选择在含沙量较高、被其他农作物“嫌弃”的地块，而且在地块里也不施用任何的肥料。

（4）种植

每年高粱种植的时节，一般是从谷雨后到立夏前，也就是农历的三四月间，如果恰逢一场贵如油的春雨降临，那便是最好不过的了。种植的情况可分为两种，杂交种植和常规种植。

铁杆高粱幼苗

杂交种植。每两三年进行一次，主要目的是杂交授粉，所以在进行播种时，要将黄黏高粱和大头高粱进行隔行种植。行间距和株间距要相互对应，同时考虑人工授粉操作所需的空间，规则安排疏密，方便完成授粉工作。

常规种植。经过多年摸索，在铁杆高粱的种植中，总结得出了“苗越密秆越细、苗越疏秆越粗”的生长规律。为了能够充分满足制作时使用不同直径秸秆的所需，在常规播种的过程中，株距会从五厘米逐渐递增到二十厘米，以便得到各种直径的秸秆。

（5）田间管理

铁杆高粱要的是它的秸秆，要直、要匀、要密实、要好看。高粱的生长期是在农历的四月到八月，是北方地区最炎热多雨的季节，同时也是病虫害和自然灾害高发的时间段，因此良好的田间养护和管理，是直接决定秸秆品质的关键因素。

当播种完成后，随着高粱嫩芽的萌发，杂草也会开始滋生，去除杂草保持田间清洁，同时合理间苗，保留发育良好的幼苗，就成为决定这年种植成败的第一个关键环节。

农药的合理使用是现代农业中应对病虫害的有效手段，但在铁杆高粱的种植过程中，喷洒过农药的秸秆，从表皮质感、机械强度到保存时限，都会受到极大影响。但病虫害，特别是夏季高发的蚜虫，同样也会对秸秆的质量造成致命的损害。为了解决这对矛盾，就要依靠多年观察积累的经验，尽早做出预判，提前采取措施。此外，还要配合“辣椒水”喷洒等秘方，有效控制和减少病虫害造成的损失。

恶劣天气对农作物的不良影响是普遍存在的，具体到铁杆高粱，最害怕的就是倒伏，会直接导致秸秆的弯曲，按扎刻制作所需，弯曲的秸秆就是标准的废料。因此，在发生大风、暴雨等极端天气后，及时将倒伏的植株扶正，也是一项“随时准备着”的工作。

2. 秸秆的收割和处理

从自然生长而成的高粱秸秆到扎刻制作使用的原材料，需要经过一整套严谨的加工处理流程，其间绝大部分秸秆会因各种原因被淘汰。

（1）收割

经过一个暑期面朝黄土背朝天的辛勤劳作，到中秋节前后，就是收割的季节了。相对于其他粮食作物或机械或人工收割的那种大开大合、热火朝天的热闹场面，铁杆高粱的收割显得是那么的精挑细选、有条不紊。

铁杆高粱的收割与其他高粱也不一样，不仅要以籽粒的成熟为标准，还需要观察秸秆的成熟与变色情况。即使是在同一地块、同时播种，采用相同方式管理养护的不同植株，其成熟时间的早晚也会存在一定差异，铁杆高粱也是如此，因此“适时”收割尤为关键。当某一株铁杆高粱成熟变硬，高粱穗下部没有被叶皮包裹的裸露秸秆部分由青绿色变为正黄色时，那就是收割它的最佳时刻，只有这样的秸秆在经过处理后才能成为扎刻的一流原材料。收割时间过早的秸秆，质地嫩软、颜色发青，错过了最佳收割时间的秸秆，就会生

秸秆收割

长出红色的条纹和斑点，表皮也会起麻失去光泽，这些都是无法用于扎刻制作的。

（2）晾晒

秸秆晾晒是随着收割而同步开展的，每天“适时”收割下来的高粱，只取剪去高粱穗后穗子下面的第一节秸秆，因为往下的部分就会中空，无法用于扎刻的制作。将取下的秸秆连同外面包裹的叶皮一并进行晾晒，必须选在晴朗干燥、阳光充足的白天晾晒，晾晒时下面要铺设塑料薄膜等以防地面返潮。阴雨天气及容易产生露水的夜间，都需要将秸秆移至干燥的室内，谨防接触雨水、露水等。在通常状况下，在晾晒一周左右之后，就可以将秸秆放置到阴凉、干燥、通风

秸秆晾晒

的地方继续进行自然阴干了。

（3）去皮

阴干的过程一般需要持续一个冬天，待到第二年的春天，秸秆已经彻底干燥，此时就可以剥去包裹在秸秆外边的叶皮，然后清理、保存、待用。如果在此之前就过早地剥去叶皮，秸秆的颜色就会受到阳光直射或其他因素的影响，出现灰暗、无光泽、颜色不均等现象。但如果连皮带秆一起储存，秸秆则会在夏季返潮和发生虫蛀。

（4）测量分类

自然生长而成的秸秆，需要在去皮后准确测量其直径，然后进行分类。测量所使用的是游标卡尺，要精确到 0.1 毫米，在测量的同时，应剪去秸秆直径存在差异的两端，只留取直径相同的中段部分，然后以其直径大小进行分类。其中，直径最小的秸秆是 1.0 毫米，然后以 0.1 毫米为级差，如 1.1 毫米、1.2 毫米、1.3 毫米等，至 5.6 毫米以上后，以 0.2 毫米为级差，如 5.6 毫米、5.8 毫米、6.0 毫米等，以此类推，直至 12 毫米，共分为七十余个规格。

（5）贮藏

将测量分类后的秸秆按不同规格分别打捆，要存放在干燥通风的环境中，秸秆需要用架子进行架空，不能接触地面、墙面等处，以免受潮。同时，秸秆的摆放密度及叠放层数也不宜过大，定期进行翻转，以免通风不畅和挤压变形。阴雨季节，还要及时通风换气，保持空气流通，避免发霉、生虫、变色等情况的发生。为保证秸秆的性状稳定，作品制作时所使用的都是放置时间至少两年的秸秆。

分类保存的秸秆

3. 扎刻作品制作

在经历了漫长的原材料种植、加工、处理过程后，秸秆扎刻的制作环节行将开始。作为一项依靠纯手工操作的制作技艺，秸秆扎刻所使用的工具非常简单，以游标卡尺为主的各种尺子、不同大小的刻刀和剪子、各种型号的砂纸、锥子、竹签、酒精灯、纸、笔以及一些自制的小工具，这些就是需要用到的全部工具。目前，永清的秸秆扎刻作品是以各类精巧的古建筑模型为主，大致可分为五道工序。

（1）设计图纸

我国传统的木结构建筑，特别是官式建筑，基本上是依照宋代《营造法式》、清工部《工程做法则例》等经典建筑技术著作，严格模数与权衡制度来进行营造的。所谓模数和权衡，可以简单地理解为基本计量单位和比例。因此，秸秆扎刻在制作建筑模型时，也必须按照原有比例施以等比缩小，才有可能完美还原古建筑风貌。

在外观微缩还原的基础上，内部结构的合理布局，是支撑秸秆作品坚固稳定的关键。虽然是建筑模型，但实际大小仅为建筑原型的几十分之一，而且还需要通过秸秆扎刻的技法进行构建，为此其内部结构势必要重新设计，秸秆扎刻的专用设计图纸也就这样应运而生了。

绘图前，首先要按照原建筑的面阔、进深、高度等规格以及屋顶、屋身、台基等的形制和比例，计算确定所制作模型的长、宽、高及各部分的尺寸。秸秆扎刻图纸就按照这个

秸秆扎刻制作所使用的工具

计算出来的尺寸，一比一的投影为建筑模型的横切面图，图中使用不同的线条或颜色，来表示基座、外框、内框的轮廓，用不同的特定符号，标识立柱、交叉点、连接点、斗栱等关键部位，可谓结构清晰、主次分明、一目了然。

（2）计算备料

按照图纸计算出建筑模型中明柱、栏杆、门框、窗框、窗棂、斗栱、椽子、挑角、屋面、屋脊等各部分的数量和面积，并按照比例尺计算出各部分所需使用秸秆原料的规格和数量。中国传统建筑的形制多样，仅屋顶就可分为庑殿顶、歇山顶、悬山顶、硬山顶、攒尖顶等多种，还有单檐、重檐之分，外部装饰等更是百花齐放，因此所需使用秸秆原料的直径、数量等也都不尽相同。

目前秸秆扎刻制作的建筑模型，高度多在几十厘米到一百多厘米之间。按照这个比例计算，可得出制作建筑模型各部分的秸秆直径，明柱等主体结构部分一般为 10~12 毫米、基座部分 3~4 毫米、栏杆部分 3.4~3.6 毫米、门窗大框 2.5~3.0 毫米、窗棂 1.0~1.6 毫米、斗栱 4~5 毫米、椽子 3.6~4.6 毫米、屋面 5~6 毫米、屋脊 6.0~6.8 毫米等。当然，在不同作品的制作过程中，为保证整体协调及和谐美观，所使用秸秆的规格等还可能适当调整。

（3）秸秆刻槽

秸秆扎刻的主要连接方式，是仿照中国传统建筑木构件的榫卯结构，在秸秆上刻出凹槽，然后通过六根秸秆两两组合的方式，锁榫而成。秸秆扎刻所使用的这种特有的榫卯，被称为“六节稳固”构建模式。“六节稳固”的达成和稳固，主要取决于在秸秆上所开槽的大小和角度，开槽的大小涉及宽度和深度，是根据秸秆的直径计算而得，精度要达到 0.1 毫米以内，角度则要依照所需构建的结构而定，常用的开槽方式有：

四边形刻槽

这是秸秆扎刻最基本，也是制作过程中最常用的一种开槽方式。如秸秆的直径为 d，则开槽的宽度为 $1.9d$、深度为 $0.5d$，以垂直秸秆的横截面和纵剖面的角度进行切割，即从秸秆纵剖面看槽为矩形，所使用的三组共六根秸秆，开槽方式一致。

正六边形刻槽

开槽宽度、深度与四边形开槽一致，构成结构的三组、六根秸秆中，与垂直于模型整体横截面的两根采用垂直方式开槽，其余四根平行于整体横截面的秸秆，开槽要采用60°角的方式切入，即从秸秆纵剖面看槽为锐角是60°的平行四边形。

正八边形刻槽

其开槽方式与正六边形大致相同，平行于模型整体横截面的四根秸秆的开槽角度为45°，即从秸秆纵剖面看槽为锐角是45°的平行四边形。

此外还有很多不常用、不规则的开槽方式，需要通过制作经验的积累，结合实际操作进行灵活处理。

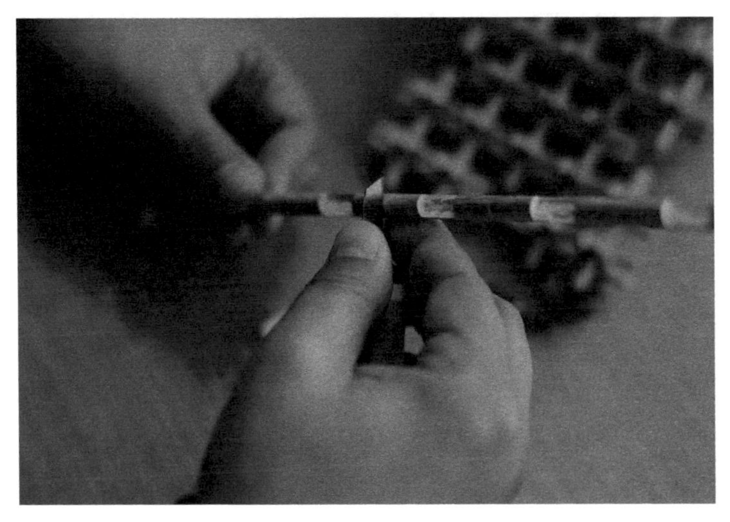

秸秆扎刻工序——刻槽

（4）锁榫连接

经过前面一系列繁复的准备工作之后，那些粗细各异、长短相间的高粱秸秆，终于迎来了它们的蜕变时刻。锁榫连接的这个操作步骤，是秸秆扎刻制作过程中最为举足轻重，也是最考验手上功夫的关键所在。

组装过程要遵循从下到上、从内到外的次序，严格依据设计图纸，运用“六节稳固”的构成方法，分步操作：

第一步　搭建模型内部的主体支撑结构。在纵向支撑的既定位置，逐层构建横截面的架构，然后，将各层的明柱、横梁等的主要结构部件安装到位，以构成作品的主体框架。

第二步　在各层出檐位置的下方，组合安装斗栱。依照建筑原型外貌，结合外檐斗栱、柱头斗栱、转角斗栱等不同

通过“六节稳固”方式构建的主体结构

斗栱的形制和数量，合理安排布置斗栱并组装到位。

第三步　在斗栱上方安装椽子。椽子的位置要与斗栱相协调，各面均匀分布、间隔一致，同时还需按照不同的屋顶规制，预留相应的出檐角度及长度。

第四步　为生动展现传统建筑的飞檐翘角效果，通过酒精灯加热的方法使秸秆弯曲并达成一致的弧度，加热的时间和温度要把握得恰到好处，否则就容易产生烤煳变色或定型不到位的问题。

第五步　各层外檐及建筑屋顶的铺装。将弯曲成型的秸秆作为建筑模型的垂脊，组装完毕后，随着垂脊的角度和长度，将秸秆一根根疏密有致地排列到位，以模仿传统古建筑所使用筒瓦的外形。

第六步　安装鸱吻、角兽等小部件。用直径为 1~3 毫米的细秸秆，拟作鸱吻和角兽的造型，将其分别扎接于正脊两端和垂脊的相应位置。

第七步　扎制宝顶。若所制作建筑模型为攒尖顶等带有宝顶的形制，那么就需要将归拢到顶部的所有秸秆，连同内部正中支撑的秸秆捆扎在一起，并使之形成球形的宝顶。

第八步　建筑外部装饰的扎接。在古建筑的外部，常有大量的装饰元素，如歇山顶两侧的山花、飞檐下的彩绘、博风板上的纹饰等，为了力求形象，都要用细小的秸秆对其进行模仿和还原。

第九步　门、窗的安装。首先依照整体比例，计算出门窗的大小，在直径为 3~4 毫米的秸秆上开 90° 凹槽并把两

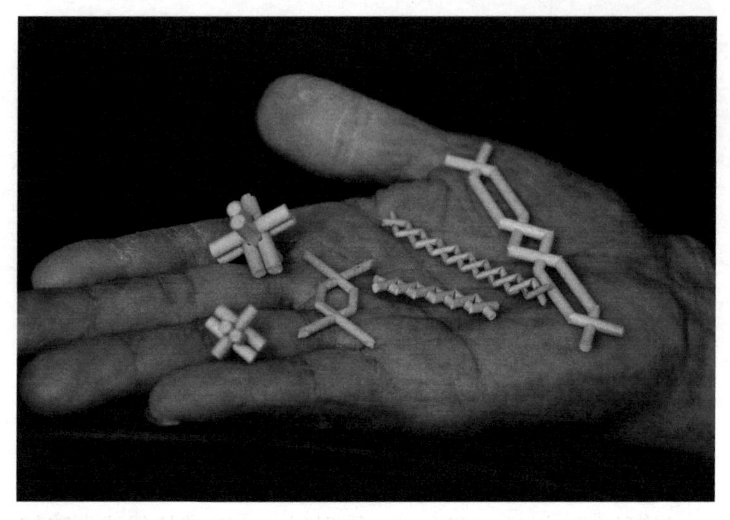

各种小装饰部件

端横截面切为 45°斜面，围合成门框、窗框。用直径 1.0~1.6 毫米的秸秆，开槽咬合为窗棂扎接于门、窗框内。

第十步　制作基座和围栏。为便于移动、展示和保存，基座围栏一般为单独制作并与模型主体分开。

（5）打磨抛光

模型全部组装完成后，需要对所有秸秆的横切面进行打磨和抛光。打磨时要使用不同型号的砂纸，由粗到细依次打磨，动作方向须从外向内，以免损伤秸秆外皮。整个过程中，都要保证秸秆的干燥，不能用水进行湿润或清洁。

4. 作品保管收藏

秸秆扎刻作品的保管和收藏，最重要的就是保持干燥，还需防虫蛀。所以最好制作玻璃或其他材料罩盒，将作品整体收纳，盒内放干燥剂并避免潮湿环境。如裸露放置，还容易积落灰尘，则需用干燥的软毛刷轻拭清理，或用吹风机弱风吹净。随着时间的推移，秸秆表面会产生自然氧化，颜色会逐渐由浅黄色变为深黄色甚至红棕色，作品就会更显古拙厚重。

《长明灯楼》

作者：徐艳丰、徐晶晶、徐健

三、“非遗”概念的源起和中国的非物质文化遗产

祖先们所总结下来的各种经验、知识、技艺等，通常会以三种方式传递下来，其一是通过文字记录的形式，如各类典籍等；其二是通过文物的形式，也就是物质文化遗产；其三是通过口传心授的形式，这便是我们所说的非物质文化遗产。在“非遗”这一名词被广泛提及的同时，大家对于非遗的认识也是见仁见智，对于非遗的理解更是因人而异，在此，先简略叙述一下“非物质文化遗产”这一概念的由来。

“非物质文化遗产”是相对于“物质文化遗产”而提出的，而人们对于物质文化遗产的认知及价值的认可，真的是要比“非物质文化遗产”早出了太多。在我国自商代开始，王室、贵族等就都已经非常重视对古代器物的搜集和保护，他们常将这些器物存放于宗庙等处，用于祭祀或其他所需。到了周代，更是出现了专门负责收藏文物的机构，同时设有专职官员进行管理。如果把这看作是对物质文化遗产的保护，那么我国的物质文化遗产保护已经有了三千多年的历史。放眼世界，亦是如此。古埃及在公元前3世纪，就创建了一座专门收藏文化艺术珍品的“缪斯神庙”，被公认为人类历史上最早的博物馆。在此后的几千年里，物质文化遗产被人为破坏的情况一直是时有发生，直至第二次世界大战结束后，随着工业化进程的加速发展，大量文明古迹、优秀文化遗产遭到了极度严重的破坏，甚至是灭失，为应对这样的情况，联合国教育、科学及文化组织（以下简称“联合国教科文组

织”）于1972年通过了《保护世界文化和自然遗产公约》，其中所说的“文化遗产”，实际上指的就是物质类的文化遗产。

在漫长的“物质文化遗产”保护的过程中，特别是随着文化遗产保护实践的不断深入，人们开始意识到仅仅对物质性的、有形的文化遗产保护并不能涵盖文化遗产的全部内容，很多以非物质形态存在的文化遗产，依然是因为没有能够得到有效的保护而永远消失了，由此，“非物质文化遗产”这一概念逐渐诞生。

这么说来实在是显得有些“虚空”，那么就以大家都非常熟悉的北京天坛为例，来进行一下阐明。天坛是我国著名的世界文化遗产，在历史上曾为明、清两代皇帝祭天、祈谷和祈雨的场所，这些都是为大家所熟知的。但如果保存下来的仅仅是祈年殿、回音壁、圜丘坛等这些建筑，能够完整展现天坛全部的历史文化内涵吗？答案必然是否定的！因为，天坛只是那些仪式举行的场所，与仪式紧密相关的，还必须配有特定的音乐、规范的流程以及其中所蕴含的人文意识等，当这些以非物质形态存在的文化表现形式，与那些建筑相结合，才能够形成天坛文化体系的闭环，二者相得益彰、缺一不可。由此可以引申至手工及制造领域，正如我们去博物馆参观的时候，经常会在一些文物的讲解词中看到或听到的一句话是“该项制作工艺目前已经失传”，这就是典型的保存下来了“物质”，而失去了“非物质”的例子。其实，本书所主要论述的秸秆扎刻也是如此，在其所存续的绝大部分时间里，人们并没有意识到它的“非遗”属性，更没有人开展

《祈年殿》局部

过针对性的调查、整理和记录等工作，直至我国的非物质文化遗产保护（当时还叫作“民间民族文化保护”）工作开始之后，这样的情况才渐渐地有所改观。关于非物质文化遗产，从国内到国外，类似的例子比比皆是、举不胜举。

正是因为察觉到了大量诸如此类的、在物质文化遗产不断保护过程中出现的缺失，人们也逐渐开始意识并关注到“非物质文化遗产”保护的急迫性和重要性。大约从19世纪开始，就有学者提出了保护以非物质形态存在的文化遗产的观点，虽然当时还没有“非物质文化遗产”这一名词和称谓，也更没有相关的理论体系和规范等，但此观点还是得到了越来越多的人的认可。

日本可以说是现代非物质文化遗产保护的发祥地，早在 1950 年，日本就颁布了《文化财保护法》，其不仅针对有形的文化遗产，同时也提出了要保护无形文化遗产，并为保护“重要无形文化财持有者”建立了“人间国宝认证制度”。后来，被广泛使用的“非物质文化遗产”一词，是英文“intangible cultural heritage”的直译，这个概念的英文也是自日语翻译而来。

在《保护世界文化和自然遗产公约》颁布后，越来越多的国家和学者开始通过各种途径，呼吁保护以非物质形态而存在的文化遗产，只是当时还没有统一的叫法，常被称为：民俗（folklore）、非物质遗产（non-physical heritage）、民间创作（cultural tradition and folklore）、口头遗产（oral heritage）、口头和非物质遗产（oral and intangible heritage）等。1989 年，联合国教科文组织通过了《保护民间创作建议案》，这里面所说的“民间创作”涵盖了具有文化属性的全部创作，形式包括：语言、文学、音乐、舞蹈、游戏、神话、礼仪、习惯、手工艺、建筑术及其他艺术等。尽管此时尚未正式提出“非物质文化遗产”的概念，但已经将文化遗产保护的范围，从有形的物质文化遗产扩展到了无形的“民间创作”。1998 年，联合国教科文组织又颁布了《宣布人类口头和非物质遗产代表作条例》，将“民间创作”改为“人类口头和非物质遗产”，将“文化场所”也纳入保护范围之中，并在保护内容中增加了“传播与信息的传统形式”。2001 年，联合国教科文组织评选并公布了首批“人类口头和非物质遗产代表作”名单，我国的“昆曲”赫然在列，但“非物质文化遗产”对于当时的绝大多数中国人来说，还几乎是一个从未听说、接触过的概念。

终于，在 2003 年 10 月，联合国教科文组织在法国巴黎举行第 32 届会议，通过了《保护非物质文化遗产公约》，用以保护各种类型的民族传统和民间知识，如：各种语言、口头文学、风俗习惯、音乐、舞蹈、礼仪、手工艺、医药以及其他艺术等，国际上也正式形成了“非物质文化遗产”的定义和内容。2004 年 8 月，经第十届全国人民代表大会常务委员会第十一次会议审议批准，我国作为最早的缔约国之一加入《保护非物质文化遗产公约》，中国的非物质文化遗产之路也正式开启。其实，在形成现在系统的“非物质文化遗产”概念之前，我国也是有着自觉保护非物质形态文化遗产的传统，已知最早的当属“五经”之一的《诗经》，其中收集并整理了西周初年至春秋中叶的诗歌、歌谣等共311篇，客观上对当时的“非遗”进行了系统记录。在中华人民共和国成立后，党和政府更是高度重视民间文艺的保护工作。于1950年成立中国民间文艺研究会（现中国民间文艺家协会），组织进行民间文学的收集、整理和研究。此后，相继成立或恢复中国民间文艺研究会、中国民俗学会、中国故事学会、中国歌谣学会等学术机构，系统收集、整理和研究中华民族民间文化资源。自 1979 年开始民族民间文艺调查，最终完成了上百亿字的基础资料。

在加入《保护非物质文化遗产公约》后，我国先后发布了《中华人民共和国非物质文化遗产法》《国务院办公厅关于加强我国非物质文化遗产保护工作的意见》（国办发〔2005〕18 号）、《国务院关于加强文化遗产保护的通知》（国发〔2005〕42 号）、《中共中央办公厅 国务院办公厅印发〈关于实施中华优秀传统文化传承发展工程的意见〉》《国务院办公厅关于转发文化部等部门中国传统工艺振兴计划的通知》（国办发〔2017〕25 号）五个国家级文件，并且在 2011 年 2 月 25 日，第十一届全国人民代表大会常务委员会第十九次会议通过了《中华人民共和国非物质文化遗产法》。中国的非遗保护逐渐从方针政策上升为国家意志，并获得了长期实施和有效运行的坚实保障。同时，国务院分别于 2006 年、2008 年、2011 年、2014 年和 2021 公布了五批国家级非物质文化遗产代表性项目名录，共有 1557 个项目（包含 3610 个子项）。各省、市、县政府也都分别公布了地方非遗保护名录，构成了我国的四级非遗名录体系，包括秸秆扎刻在内的十万余项民族瑰宝，在各级政府以及全社会对非物质文化遗产保护工作的高度重视下，获得了有效的保护并得到了长足发展，“非物质文化遗产”这一概念也是日渐深入人心。特别是党的十八大以来，在大力弘扬中华优秀传统文化的社会氛围中，非物质文化遗产的保护工作也在探索和实践着从保护传承到创新发展的进阶之路，以“非遗”为代表的传统文化在创造性转化和创新性发展的道路上日益焕新。

2022 年 11 月 29 日由我国申报的“中国传统制茶技艺

及其相关习俗”在摩洛哥拉巴特召开的联合国教科文组织保护非物质文化遗产政府间委员会第十七届常会上通过评审，列入联合国教科文组织人类非物质文化遗产代表作名录。至此，我国共有 43 个项目列入联合国教科文组织非物质文化遗产名录、名册，其中，有 35 项人类非遗代表作、7 项急需保护的非遗名录和 1 项优秀实践名册，数量居世界第一。

四、秸秆扎刻的非遗之路

2004 年，国内各地相继准备启动大规模的非物质文化遗产项目普查工作，但由于当时的“非遗”对于绝大多数的人来说还是一个闻所未闻的新鲜概念，普查工作具体该由哪个单位或者部门来负责，成为全国文化领域的一个共同的新课题。相对于物质文化遗产行业（或可以偏代全地用“文物行业”来指代）所具备的相对完善的管理体系、专业机构和从业人员而言，“非遗”简直就是一张白纸，经过一番深思熟虑后，普查工作的任务最终交到各地的文化馆（站）。因为，非遗可以说是包罗万象、不拘一格，涵盖了各种艺术形式，涉及生活的方方面面，在当时的文化系统中，恐怕也就是文化馆（站）能有相对丰富的艺术人才来应对如此复杂的情况。

当时，永清县的非物质文化遗产项目普查工作，也毫不例外地交到了永清县文化馆来负责，但彼时永清县文化馆的工作人员对非遗也是一个似懂非懂的状态，毕竟文件中对于非遗的定义的表述，实在是有些“难懂”……

在联合国教科文组织发布的《保护非物质文化遗产公约》中，对非遗的定义是：被各社区、群体，有时是个人，视为其文化遗产组成部分的各种社会实践、观念表述、表现形式、知识、技能以及相关的工具、实物、手工艺品和文化场所。这种非物质文化遗产世代相传，在各社区和群体适应周围环境以及与自然和历史的互动中，被不断地再创造，为这些社区和群体提供认同感和持续感，从而增强对文化多样性和人类创造力的尊重。在本公约中，只考虑符合现有的国际人权文件，各社区、群体和个人之间相互尊重的需要和顺应可持续发展的非物质文化遗产。同时，参照上述定义，公约中明确了“非遗”包括以下几个方面：（1）口头传统和表现形式，包括作为非物质文化遗产媒介的语言；（2）表演艺术；（3）社会实践、仪式、节庆活动；（4）有关自然界和宇宙的知识和实践；（5）传统手工艺。

在《中华人民共和国非物质文化遗产法》中，对“非遗”的定义是：各族人民世代相传并视为其文化遗产组成部分的各种传统文化表现形式，以及与传统文化表现形式相关的实物和场所。包括：（1）传统口头文学以及作为其载体的语言；（2）传统美术、书法、音乐、舞蹈、戏剧、曲艺和杂技；（3）传统技艺、医药和历法；（4）传统礼仪、节庆等民俗；（5）传统体育和游艺；（6）其他非物质文化遗产。

基于上述定义，当时我国在非遗项目普查时，把非遗分为十大门类，即：（1）民间文学；（2）民间音乐；

（3）民间舞蹈；（4）传统戏剧；（5）曲艺；（6）杂技与竞技；（7）民间美术；（8）传统手工技艺；（9）传统医药；（10）民俗。后来经过部分名称调整，现行的非遗十大门类为：（1）民间文学；（2）传统音乐；（3）传统舞蹈；（4）传统戏剧；（5）曲艺；（6）传统体育、游艺与杂技；（7）传统美术；（8）传统技艺；（9）传统医药；（10）民俗。

永清县本就是一个历史悠久的农业县，在776平方公里的土地上生活的一共只有四十多万人，其中，与艺术相关的行业及从业人员屈指可数，对于这里面能够得上标准、或许能属于非遗的项目和人，永清县文化馆的工作人员虽说不上有多了解，但也都是能知道一二的。在接到普查任务的第一时间，他们不约而同地想到了当地首屈一指可以称得上“非

徐艳丰工作照（2005年）

遗”的项目——秸秆扎刻。因为秸秆扎刻在当地既有悠久的历史，又有较广泛的流传，更有掌握独门“绝技”的高人，由这位高人制作出的秸秆扎刻作品，不仅被中国美术馆收藏，更是曾被作为外事活动中的国礼，这位把农村里再寻常不过的高粱秸秆做成了艺术品的高人，也因此成为县里、市里以至于省里的名人，他的名字叫作——徐艳丰。

当普查人员来到徐艳丰老师的家中时，徐老师刚刚从前不久的大病中初愈，虽说是在家中休养，但他也并没有停下手中的活计，屋里、院子里，四处都摆满了长短、粗细不一的高粱秆、半成品和制作工具。普查人员说明来意之后，徐老师虽然似懂非懂，但也是非常配合，说人和东西都在这里，只要是觉得算是“非遗”的都会积极配合。

非遗普查首先就是要厘清项目的起源及分布环境、历史渊源及发展沿革、传承脉络及演变情况等基本信息，可出乎大家意料的是，仅仅是第一步项目历史的起源及分布环境就让工作人员犯了难。因为，在永清当地的农村，使用高粱秸秆制作一些生活用品是极其普遍的一件事，从简单的篦箩、盖帘、大扫帚，到复杂一些的笊篓、筐子、笼子等，除日常用品之外，以高粱秸秆为原材料还可以制作一些类似花灯等小工艺品，都是很习以为常的事。不过，大家似乎从来都没有关注过究竟是从什么时候就有人开始做这些东西了，所以当普查人员针对项目历史开展调查的时候，老人们的答案基本上都是他们小的时候就看见家里的老人们在做了。询问徐老师所得到的答案也是如出一辙，就是“跟村里的老人学

秸秆扎刻小工艺品

的……”这让普查人员真切、深刻地认识到非遗普查的重要性，他们没有想到如此司空见惯的手工技艺，真的就是靠着一辈辈人的一双双手，“稀里糊涂”地传承了这么多年，甚至根本没有留下哪怕是一小片的白纸黑字。

与文字记载匮乏类似，秸秆扎刻实物的留存状况也不容乐观。因为随着近年来农业生产和人们饮食结构发生的变化，高粱的种植面积在逐年减少，其秸秆的产量也是随之降低。同时，大量塑料等新材料家庭用品的使用，也替代了很多传统材料的物品。加之秸秆制品本身的使用、保存期限也不会很长，多种因素所产生的效果相叠加，导致 21 世纪初在永清当地的农村，高粱秸秆制品急剧减少的实际情况。与日常用品相比，秸秆手工艺品更是难觅其踪，特别是在 20 世纪 60 ~ 70 年代的那场大运动中，大量的手工艺品毁于一旦，徐老师家祖上所制作的那些建筑模型也都没能幸免，所以在

徐艳丰给大家展示保存下来的设计图纸

普查过程中，所发现的实物基本也都没早过这个时间。

相较于历史情况调查给普查人员所带来的困难，项目的存续情况还是可以让大家略感欣慰。徐艳丰老师所做的秸秆扎刻作品，既是对传统秸秆制作技艺的继承和融合，也同时实现了多方面的突破。此前，以秸秆制作古建筑模型的例子并不鲜见,徐老师也更不是第一位尝试该类作品制作的艺人，但是他在传统扎刻工艺的基础上，更进一步地将其与古建筑模型制作的家族手艺深度结合，作品呈现出了高度复原中国传统建筑风貌、结构严谨且具备一定体量、工艺属性及艺术水准更加突出等特点。此时，在徐老师的家中还保存着他几十年来制作的大小作品数十件，大的有一人多高、小的也有三四十厘米，其中不乏在国内外各类比赛、评选中的获奖作品。

在后续的多次访问过程中，徐老师向普查人员讲述了自家制作建筑模型的历史、传承以及自己创作秸秆扎刻作品的人生经历，也毫不吝啬地将制作的工艺、方法等展示给了普查人员。他们按照徐老师的口述，完成了普查工作中的项目文字材料整理工作，在对制作过程和作品进行了规范的摄影、摄像记录后，项目的普查初步完成，对照非遗项目的十个大类，将徐老师的项目归入“传统手工技艺”类并定名为“秸秆扎刻技艺”。

普查工作结束后不久，2005 年的夏天，永清县文化局接到了经河北省、廊坊市逐级转发下来的文化部《关于申报第一批国家级非物质文化遗产代表作的通知》，几乎与此同时，河北省也开始了第一批省级非物质文化遗产名录项目的申报工作。“秸秆扎刻技艺”作为前期普查中的重点项目，永清县文化馆同时将其向国家级和河北省级的非遗名录进行了申报。

非遗项目申报所需填报的材料，对于当时的每一个人来说，都是一项“摸着石头过河”般的未知任务。从申报文本的撰写、照片的拍摄，再到视频的制作，每一项工作都没有以往的范例可供参考，县文化馆的工作人员和徐老师及家人一起，大家只能是满怀着对项目的一腔情怀边学边干。与此前完成的普查资料相比，项目申报材料的要求更具体、涵盖更全面、内容更翔实、格式更规范，这可难住了几乎不识字的徐老师，更给文化馆的工作人员增加了很大的工作量。徐艳丰老师自小在农村长大，根本就没上过学，虽然身体还未完全恢复，但干活儿做手艺是绝对不在话下，可要是想把这些内容都落到纸面上，对于他来说简直就是天方夜谭了。为此，县文化馆派出了专门的工作人员，参照着《国家级非物质文化遗产代表作申报指南》逐条梳理，由徐艳丰老师口述、儿女记录，文化馆的工作人员负责文字的整理以及照片、视频的拍摄和制作，在徐老师家整整忙乎了十几天，终于完成了项目申请报告、项目申报书、申报项目简介和辅助资料等的准备工作并将所有材料按时上交。

2006年，两级项目的评审结果相继出炉，“秸秆扎刻技艺”成功入选了《河北省第一批省级非物质文化遗产名录》，但未能入选《第一批国家级非物质文化遗产名录》。落选国家级项目的主要原因，是由于缺乏经验而造成的对项目历史梳理得不够系统和深入，还有就是申报材料关键信息点需要完善以及内容重点不突出等问题。

面对这“喜忧参半”的结果，为项目前前后后忙碌了近两年的工作人员显得有些灰心丧气，对此徐艳丰老师自己反倒是很淡然，还在乐观地开导着大家。因为在他几十年的秸秆扎刻创作之路上，这点儿小挫折简直是不值一提，而且刚从“绝症”中转危为安的他，心态也是更加的平和，相对于荣誉，他更在意的还是技艺的传承和发展。

在经历过这次“失败”之后，徐老师在儿女们的帮助下，开始系统梳理家族技艺的传承脉络，文化馆的工作人员也通过图书馆、档案馆以及田野调查等多种渠道，深入挖掘秸秆

杜桂芬、赵洪业两位好友为徐艳丰编写的《话徐翁》

秸秆扎刻作品局部

扎刻工艺的历史信息、技艺特点等内容。这一系列具有针对性的补强措施，为“秸秆扎刻技艺”第二次申报国家级非遗名录，提供了强有力的支撑和保障。

2007 年初，在接到文化部下发的《关于申报第二批国家级非物质文化遗产名录项目有关事项的通知》后，已经做好了充分准备的“秸秆扎刻技艺”由河北省推荐，顺利通过专家组论证，经文化部报国务院批准，于 2008 年 6 月被列入《第二批国家级非物质文化遗产名录》。在国家级项目名录中，将“秸秆扎刻技艺”的项目类别调整为“传统美术”，项目名称修订为“彩扎・秸秆扎刻”，项目编号为Ⅶ –66。

截至 2022 年，“彩扎·秸秆扎刻”作为永清县唯一的国家级非遗项目，以其造型美、工艺美、结构美等诸多特征，体现出极强的艺术震撼力，成为一张独特的区域文化“金名片”，向世人展现着中华优秀传统文化的博大精深与巧夺天工。在未来，我们有理由相信，秸秆扎刻这一传统手工艺将在更多人的共同努力下，继续传承发展，绽放出更加璀璨的光芒。

第三章

从苦命娃到非遗传承人

2009年6月，文化部公布了《第三批国家级非物质文化遗产项目代表性传承人名单》，徐艳丰大师名列其中，时至今日他仍是“彩扎（秸秆扎刻）”项目唯一的国家级代表性传承人。从一名斗大字识不得一筐的苦命农村娃，到工艺美术家、非遗传承人，这一路徐艳丰走了整整47个年头。

国家级非物质文化遗产项目代表性
传承人证书——徐艳丰

一、骨子里的基因

徐家祖籍原在山东，是人丁兴旺的大家族，当地旧时有个风俗，就是男孩子长到十几岁后，都要离家出去闯荡，学得一技之长以此谋生。清康熙年间，徐艳丰的祖辈就是这样从山东来到了当时直隶省永清县的北关村，投靠在一个木匠家庭学艺。

徐家祖辈凭借着心灵手巧，学得了一身手艺得以在本地立足，后人大多也世代以木匠为业，传到徐艳丰的高祖父徐文友时已是第九代。经过一代代人的技艺积累，徐文友在三十多岁时，就已经成为永清、固安、霸州三地名号最响亮、手艺最高超的木匠之一。那时，周边地区很多大宅院的木结构都是经徐文友之手搭建而成，特别是在霸州胜芳镇上的一座仿照南方建筑样式而建，重檐高耸的二层戏楼，就是他的最杰出的代表作，戏楼建成后即成为镇子的标志性建筑，徐文友也更是因此名声大噪。

徐文友的儿子，也就是徐艳丰的曾祖父徐凤春，十多岁时就开始随父亲学做木工，将祖辈的精湛技艺承袭于己身。当时的徐家凭借几辈人的积累，家境也算殷实，不仅住着敞亮的宅院，还坐拥田地数十亩，更有当时大户人家标配的马厩和轿车。如今几十年过去了，徐艳丰还依然能够记起当时曾祖父家中堂屋内的陈设，除了做工极其考究的硬木雕花家具外，在东侧明间里还摆放着高祖父生前所作的胜芳镇戏楼的模型，以及其他各类出自高祖父之手亭台楼阁的模型。徐艳丰对于建筑模型的灵感和着迷，正是源自高祖父的这些作品，但最令人心痛和惋惜的事情，发生在20世纪60～70年代，那些传世的家具、陈设连同精美的建筑模型等，都被一群蜂拥而至的青年瞬间付之一炬……

徐艳丰的祖父徐福祥是徐凤春的长子，下面还有两个弟弟——徐福坤、徐福才。他们兄弟三人也都有精湛的木工技艺傍身。20世纪40年代时，徐福祥作为永清地界上最有名的木匠之一，经常出入县城并游走于周边地区，常为有钱有势的大户人家盖宅院、打家具，因此对当地的地理环境和人情世故都比较了解。解放战争时期，徐福祥很早就加入了中

《宋代阁楼》

作者：徐艳丰

国共产党，利用自己木匠的身份作掩护，在县城内外穿梭走动，他所收集到的情报和线索是组织上重要的消息来源，为军事部署和行动提供了有效帮助。三弟徐福才在大哥的影响下弃“木”从戎，先参军再入党，随部队先后参加了解放平津、抗美援朝等战役，直到退伍后，才又回归了木匠的老本行，并将几个孩子也都培养成为木匠。兄弟三人中的徐福坤，是踏踏实实地做了一辈子木匠，而且因为亲爷爷徐福祥离世较早，这位二爷爷也就成为后来在技艺方面给予徐艳丰重要启迪的人。在二爷爷徐福坤看到了徐艳丰用秸秆扎制的作品，特别是建筑模型后，他将家学所传的古建筑构建基本原则、模型搭建方法和技巧等倾囊相授，由此引领徐艳丰走上了秸秆扎刻创作的规范之路。

徐艳丰的父亲徐善志也是承袭家学，毫无例外地做了一名木匠。1952 年的秋天，徐艳丰出生了，是这个木匠世家新一辈的第一个男丁。徐家祖祖辈辈凭着家族传承的木工手艺为生，虽算不上是当地的名门大户，但也是衣食无忧，因家中有房、有地、有牛、有马车，在后来“土改”时还被定为了中农。可是，在徐艳丰 5 岁的时候，徐家突遭厄运，父亲徐善志在出河工挖河时手被冻裂，结果处理不当感染了“破伤风”，猝然离世。突如其来的变故让徐家只剩下了祖母、母亲、姐姐、徐艳丰、妹妹以及一个遗腹子的弟弟。

两个寡妇、四个孩子所构成的家庭，可以说是只有吃饭的六张嘴，但凑不出干活儿的一双手，日子过得有多么的艰难，是不言而喻的。如此情境之下，摆在母亲陶伯萍面前的选择，也无外乎就是守寡或者改嫁。守寡，大人也许还能扛些日子，但孩子不送人恐怕就得活活饿死；改嫁，虽然在新中国成立之后大家的观念不再如旧社会那样封建，但受其影响甚至是伤害最深的肯定还是孩子们……

就在反反复复的犹豫中，陶伯萍靠着变卖从娘家带过来的陪嫁，苦苦支撑着一家老小的生活。眼瞅着孩子们一点点地长大，饭量自然也是与日俱增，可家里却已经是家徒四壁，偏偏这时却又进入了三年困难时期。严峻的形势逼迫走投无路的陶伯萍艰难地做出了抉择，经人介绍她带着孩子们改嫁到了永清县南的南大王庄，这年徐艳丰还不满十岁。

继父也是个苦命的人，自幼父母双亡由姥姥抚养长大，一直也没能成家，但他身体强壮，长得人高马大，足有一米九多。在之后的几年里，徐艳丰又多了两个弟弟、两个妹妹。母亲改嫁后，生活虽然有了最基本的依靠，但家里的困难程度还是可想而知，徐艳丰的童年也毫无例外地与其他穷苦人家的孩子一样，在夏天打草、冬天拾柴的贫穷与节衣缩食中度过的。尽管家里人都知道学习文化知识的重要性，但在这种条件下，能填饱肚子才是更要紧的事，于是作为家中长子的徐艳丰，不得不早早担负起家庭劳动的任务，读书对于他来说根本就是一个遥不可及的奢望。

继父本就是没有读过书的粗人，加之每天还要为这一家十口的生活不停忙碌奔波，由此叠加产生的效果，就是他对子女们教育方式的简单粗暴——一骂、二打、三饿。彼时，十几岁年纪的男孩子都可以算作半个劳动力了，徐艳丰也必

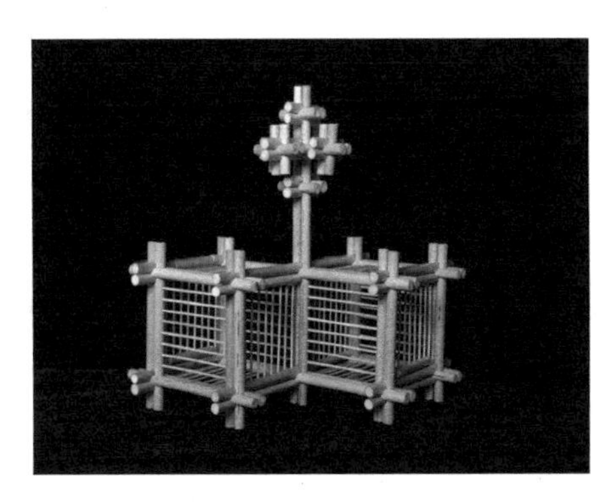

高粱秸秆扎刻制成的两联蝈蝈笼

须得分担一些力所能及的家务劳动，那时每天背上竹筐去拾柴禾、打猪草，就是他的主要活计。

可偏偏就是这简单活计也被徐艳丰干出了岔子，眼看着他每天出去的时间是越来越久，但背回家的柴、草却越来越少，他到底是去干了些什么？是怎样的鬼使神差让他为之如此执迷不悟？以及深刻于体内的木匠基因是因何被激发而起的？这些就都要从村里高善福大爷做出的蝈蝈笼子说起了。

二、蝈蝈笼的启发

这位高善福大爷是旧社会地主家的长工，出身穷苦，或许是这身世的缘故，他不仅心灵手巧，而且为人也非常和善，现在年岁大了，就被安排在村里的敬老院看菜园子。时值夏末秋初，路过敬老院菜园子的徐艳丰和小伙伴被一阵响亮的蝈蝈叫声所吸引，走到近前一看，一只翠绿的大肚儿蝈蝈被装在一个方方正正的笼子里面挂在了菜园子门口，此时正一边吃着倭瓜花，一边欢快地叫个不停。

蝈蝈在农村里很常见，并不是什么稀罕物种，但装蝈蝈的这个笼子却一下子勾住了徐艳丰的魂，而且这一勾就是一辈子。仔细观察，这笼子并不是常见的、竹篾编成的那种，这是用细秫秸秆插在一起做成的，横竖相互拼接、结构很是巧妙，用手动了动，还挺结实。自小每天拾柴禾、打猪草长大的徐艳丰，也没少跟秫秸秆打交道，但他还是第一次见到秫秸秆可以做出如此精致好玩儿的东西,在他小小的心目中，这就是一件无与伦比的高级工艺品。

毕竟还只是稚气未脱的小孩子，心思哪里瞒得过大人的眼睛，高大爷看着痴痴盯着蝈蝈笼发呆的徐艳丰说：“喜欢吗？喜欢就拿去玩儿吧！”这句话可把徐艳丰听得高兴坏了，他简直不敢相信自己的耳朵，将信将疑地看着高大爷。“傻小子，我这一把年纪了，还能骗你啊？”高大爷接着说道：“拿走吧！这玩意儿简单，回头我再做一个就是了。”

一听说这制作精良的蝈蝈笼子竟是出自高大爷之手，徐艳丰更走不动道了，忙着询问制作方法。高大爷倒也毫不避讳，直接就把做笼子的方法教给了这好学的孩子。徐艳丰不仅听得格外仔细，也暗暗在心里记得真切，他不禁感叹道，高大爷那双常年干农活造就的粗糙大手，竟然还有如此灵巧的操作。带着高大爷传授的方法，拿着心爱的蝈蝈笼子，徐艳丰兴高采烈地接着去地里打猪草去了。

从这天起，徐艳丰就像被这蝈蝈笼子框住了一般，白天虽然身体是在干各种农活儿，但脑子里一直在琢磨的却都是蝈蝈笼子的制作方法。晚上收工后，他借助煤油灯的光亮，端详着高大爷送给他的蝈蝈笼子，仿佛是要参透它的奥秘。秫秸秆，也就是高粱的秸秆，在当地农村很常见，但为了找出又长又细、适合做蝈蝈笼的高粱秆，徐艳丰是找遍了房前屋后的高粱地，翻尽了各家各户的柴禾垛，功夫不负有心人，终于备足了原材料。仿制过程也是借助黑夜掩护秘密地进行，徐艳丰先是比量着高大爷的原版，把秸秆截成同样的长短并用小刀在相同的位置刻槽，这些都完成得算是相对顺利。当所需的秸秆全部刻好后，在组装环节遇到了难题，在将秸秆互相进行咬合的时候，如果用的力量太小，是无法将秸秆拼接成功的，但如果力量稍稍加大，秸秆就会劈裂甚至折断。眼瞅着费劲收集和处理好的秸秆，在自己的手中频频折断变成了废品，徐艳丰是又气又急，气的是看上去这么简单的一个动作自己怎么都做不好，急的是眼看东边又泛出了鱼肚白，马上就得出工去干活儿了。

为了能够学会高大爷的这个“绝活儿”，徐艳丰只要一有时间就会拿着自己寻觅来的高粱秆，跑去菜园子找高大爷。高大爷也会耐心地告诉他，什么样的高粱秆最好用、刻凹槽的位置和技巧、拼接锁定时的手法等。徐艳丰看高大爷娴熟地进行各种操作，好奇地问高大爷是跟谁学的？高大爷笑笑，回答道：“这还用学？我小的时候，村里的大人都会做这个，不光是做蝈蝈笼子，还能做筷子篓、锅盖，还有好多其他的东西呢！看着看着自己也就会做了。”经过一番请教后，徐

高粱秸秆扎刻制成的七联蝈蝈笼

艳丰更是暗下决心，一定要把这手艺学会。他每天依然是照常出工干活儿，但在脑子里，一遍遍温习和演练着的是高大爷教给他的方法和技巧。又是一连几夜地琢磨和尝试后，六根秸秆总算稳稳地锁定在了一起，再照葫芦画瓢地搞好了长方体的一共八个交叉点，蝈蝈笼的试制可谓是“初战告捷”。虽然只是一件仿制而成的小孩儿玩具，根本无法与工艺品相提并论，但这件最朴素、最简单的处女作，开启了徐艳丰的秸秆扎刻艺术之门，引领他向着未来的创作之路致力前行。

徐艳丰拿着自己做好的蝈蝈笼兴冲冲地来到了敬老院的菜园子，高大爷见了，笑着问道：“孩子，你怎么又把它给我送回来了啊？”“高大爷，您看看，这是我自己学着做的，我也做成功了！”徐艳丰回答。高大爷拿过这个仿制的蝈蝈笼子一边看，一边夸道：“还真是啊！真不错！这么快就做出来了。”

自此之后，徐艳丰对于秸秆扎刻就如同是着了魔一般，当废寝忘食成为常态时，作品的进步也是肉眼可见的，蝈蝈笼从单个的、两个相连的、品字形三连的，一直做到了九个如金字塔般连在一起。为了能有更充足的原料，不管走到什么地方，只要看到有生长着的高粱，徐艳丰都会不由自主地跑过去，挑拣一下看看有没有能用的秸秆，因此在干活儿时经常见不到他，也就不足为奇了。

或许是高大爷的蝈蝈笼子以及悉心点拨，唤醒了徐艳丰沉睡于骨血里的木匠基因，他的作品很快就脱离了小孩儿玩具的范畴，朝着工艺品的方向日益转化。春节是中国人在一年中最重要的节日，无论生活如何的困苦、艰难和不堪，也无法阻挡人们营造欢乐喜庆的节日氛围。在过年的市集上，各式各样绚丽缤纷的花灯，是最为亮丽的景致，是美好寓意的象征，是幸福生活的向往，但也是农村孩子们可望而不可及的奢求……看着那些圆的、方的、六角的、八角的、鲤鱼的、鸭子的、荷花的等漂亮的花灯，徐艳丰流连在灯笼摊前，只能眼巴巴地看着。“买肯定是买不起的，那不如就自己试着做一个吧！”一个念头在徐艳丰的脑子里就这样地生成了。

用秸秆扎好骨架，再糊上纸、画上图案，中间点上蜡烛，那不就成了一个花灯嘛！灵感和设想既然已经成形，接下来就是说干就干，徐艳丰先以正方形的蝈蝈笼子为蓝本，将尺寸放大并调整为长方形，使用同样的方法进行锁定，灯笼的基本框架就完成了。选择长方形框架的一端做底面，用秸秆连接四角搭建一个十字交叉，就可以用来放蜡烛了。随后，在骨架上糊一层白纸，再用颜色绘上些花草图案，一个简单的四角花灯就成型了。蜡烛燃起、灯影憧憧，徐艳丰欣赏着自己刚刚告成的作品，脑海里的新想法也紧随着萌发了出来。很快，他模仿着年画里宫灯的样子，使用秸秆制作而成的六角花灯、八角花灯也很快就成功了。

从蝈蝈笼到花灯，是徐艳丰的秸秆扎刻脱离模仿走向创作之路的重要开端。在那三只花灯之后，徐艳丰制作的花灯在不断地探索和尝试中，向着大型化、复杂化和精美化方向

秸秆花灯老照片

不断前进。如果说从小变大只是对秸秆结构合理性与稳定性的考验，那他后来所制作出的走马灯，由内部的活动装置，搭配外层交叠错落的主体结构，则成为对他整体设计能力及加工装配技术进步的成果检验。采用秸秆制作而成的各式花灯，不仅磨炼、促进徐艳丰秸秆扎刻技艺的日益精进，更像是一团永不熄灭的灯火，引领着他前行的方向，照亮了他前进的路。

转眼到了 1963 年的秋天，经过近一年的钻研，徐艳丰早早地就开始筹划，准备为春节制作一件复杂的大型花灯作品。按照设想，花灯从下往上共有三层，最下面一层是仿照古建筑栏杆样式，装饰了三角形连锁花纹的底座；中间一层的灯身，四面采用了四种不同的传统建筑纹样以秸秆拼接做装饰；最上面一层是一个一平方米的大灯盖，上有围栏并装点菱形格纹。灯内衬以粉纸，烛光灯影使之更显雅致。制作完成的大花灯，无论是从设计、制作还是到装饰，无不胜过集市上售卖的普通花灯，不仅有了艺术品的形，更具备了艺术创作的魂。

由于顶层做得十分宽大，其上的提梁就显得比较单薄，而且花灯在挂起来之后视觉感觉上面有些空空的。这时徐艳丰受家里墙壁上贴着的一幅评剧《茶瓶计》年画的启发，脑海中冒出了一个新的想法。在年画中的花园里有一座四角小凉亭，可以扎一个凉亭放在花灯上面填补空间啊！比量着画中凉亭的样子，徐艳丰又开始了新一轮的技术攻关。

中国古建筑的屋顶，很多都是四角飞檐向上的取势，画中这座凉亭也不例外。为了将制作凉亭飞檐的秸秆弯曲定型，徐艳丰采取最传统的火烤软化之后弯曲定型的方法，一开始没有实际操作经验，烤的火候不够，秸秆一掰就折了；但烤的火候过了，秸秆就直接糊了……而且，为了能使每一根秸秆弯曲的位置和曲度都保持一致,还是费了很大的一番周折。经过反复尝试，飞檐终于成型了，再用稍粗一点儿的秸秆按

徐艳丰现存的最早的作品——1964 年制作的《走马灯》

顺序排列，看上去的感觉正好与古建筑屋顶上筒瓦的外形十分相仿，檐子下面的每一攒斗栱，均采用六节秸秆上下两层的方式扎刻而成。凉亭模型通过四根立柱与之前的花灯顶层进行连接后，灯笼上部的空洞感没有了，凉亭模型也在灯火的映照下，显得格外精巧别致。

凉亭模型的扎刻成功，为徐艳丰开启了一个崭新的课题——建筑模型的制作，恰恰这也唤起了他儿时见到祖辈所做戏楼等建筑模型的记忆。正如前文提到建造官式建筑的“样式雷”家族一样，旧时民间的木匠们在建造一些结构较为复杂或具有一定规模的建筑前，也常会用秸秆、木头等材料先行搭建小样，只是没有官式建筑模型制作得那么精良和考究而已。正所谓“龙生龙，凤生凤，老鼠生儿打地洞”，深埋于徐艳丰骨血里的建筑基因和与生俱来的模型制作灵性，就这样从一个小小的蝈蝈笼子开始，被一点点地激发了出来。

三、日益精进的技艺

为了能够把建筑模型做得更像模像样，徐艳丰带着自己做的亭子，找到了二爷爷徐福坤。看着这出自后辈之手的稚嫩作品，徐福坤是百感交集，既为家族的手艺以及英年早逝的大哥后继有人而欣慰，又因小小徐艳丰仅凭“一己之力”竟能完成到如此程度而欣喜。

二爷爷徐福坤一辈子没有离开过木工行，大木作、小木作也都曾做过，虽然此时因为年纪原因已不再动手做活儿，但身为一名老木匠，其业务技能始终谙熟于心。比量着这个亭子模型，徐福坤把中国传统古建筑的基本分类、形制特征、比例构造、装饰手法等，一一念叨给了徐艳丰。不过，徐福坤也从来都没有见过和做过完全用秸秆搭建而成的建筑模型，而且秸秆结构的固定方式与传统木工的榫卯截然不同，因此徐艳丰还需要把从二爷爷这里学到的“理论知识”转化为秸秆扎刻过程中的“实践”。在其后的慢慢摸索中，秸秆建筑模型的结构日趋合理、稳固，在此基础之上，徐艳丰按照二爷爷的讲述，将建筑的屋顶、屋身、台基三段式进行合理构建，果然呈现出来的整体效果是更加的和谐美观。

此时，虽然已经对建筑模型的制作产生了浓厚的兴趣，

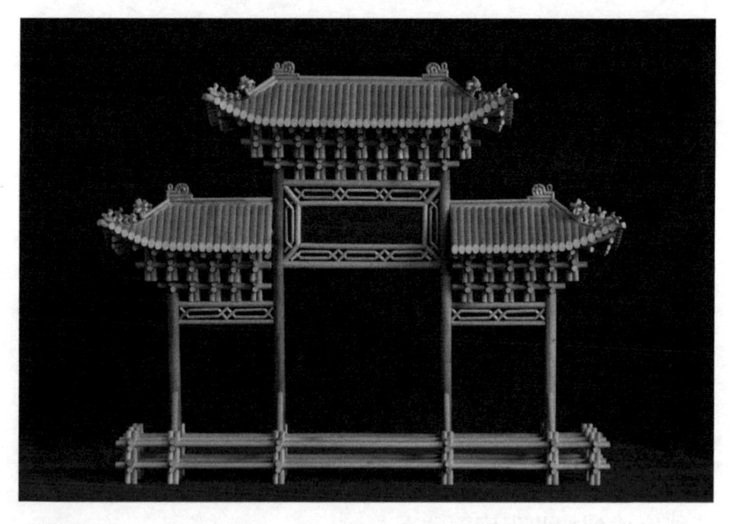

《牌楼》

作者：徐晶晶

但徐艳丰的主要作品仍然还是花灯。因为这用最普通的高粱秆所制作出的漂亮花灯，吸引了亲朋好友、街坊邻里们的目光，张家要一个、李家要一个的，谁都不好推辞，徐艳丰就一个接一个地做，尽量满足大家的需求。但是，伴随着花灯制作数量的增加，对原材料的需求量也是与日俱增。每天本应去割草、剜猪菜的时间，全都被用来找秸秆去了，看着空空的竹筐，徐艳丰只能先用烂柴禾填满，然后在上面盖一层草，以企图蒙混过关。但是，这种小孩子把戏，很容易就被识破了。一天，徐艳丰背着“满满”一筐草回家，手里还拎着一捆高粱秆，母亲伸手要去接竹筐，他在慌忙躲闪间却把竹筐打翻了，里面的烂柴禾也就露了馅儿。眼看母亲发火要动手，徐艳丰赶紧跑出了门，虽然没挨打，但晚饭怕是没了着落，为了不挨饿，只好先逃去姥姥家。

母亲在改嫁之后，凡事肯定都是要看些继父的脸色，因此对徐艳丰这兄弟姊妹四人疼爱更多的，是他们的姥姥。1964年，是老人家55岁的生日，按照村里的规矩要“迎寿”，徐艳丰也早早就盘算起了给最疼自己的人送上一份什么样的寿礼。买就不用想了，这对于一个平时连零花钱都没有的孩子根本就是痴心妄想，好在经过两年来的“着魔”，徐艳丰的扎刻技术日益精进，他便暗自下定决心，一定要做出一盏特别好、超越之前所有花灯的花灯，给姥姥贺寿。

对于这盏意义非凡的花灯，徐艳丰几经考虑，最终选择了八角形走马灯的样式，灯顶上再叠加一座八角重檐凉亭。走马灯是一种内部结构相对复杂的花灯，内部的扇叶可利用蜡烛燃烧时产生的上升热气流，驱动轮轴及与其相连的画片不停旋转，因画片上常绘制有武将骑马的图案，看起来好像在互相追赶，故而得名“走马灯”。当时，村里已经开始有电灯了,徐艳丰在将蜡烛走马灯改良为电灯走马灯的基础上，动手开始了制作。花灯的第一层是底座，八根立柱向下出足，底圈环绕扎刻有菱形连锁花纹；第二层是灯身，八个面均采用“开光”的传统装饰技法，以连环纹饰围绕衬映出长方形的中间留白；第三层是灯盖，向外探出，装饰与底圈相同的菱形连锁花纹相呼应，同时在各角挑出弯曲的秸秆，用以悬挂流苏；第四层是亭身，八根立柱配以八面刻花围栏；第五层是亭子的下层飞檐，檐下饰以三层斗栱，八条垂脊上饰以走兽；第六层是亭子的上层飞檐，也是整个花灯的顶层，做成八角攒尖、圆珠宝顶的传统形制；花灯内部用半透明的红色丝绢做内衬，并在第三层所预留探出秸秆的顶端以及花灯底部正中间装饰红色流苏。这一系列制作的手法和技巧，徐艳丰在熟能生巧的基础上，完成得还算比较顺利，但走马灯画片上的图案和内容,可着实是难住了未曾上过一天学的他。

为此，徐艳丰专门找到了曾在民国年间上过私塾、被村里人戏称为“假秀才”的学问人——刘姥爷。刘姥爷看着这八角形的花灯，捻着长胡子慢悠悠地说道：“既然是要祝寿，而且又有八个面，八仙过海去给西王母祝寿的故事你应该听过吧？你要是画个八仙祝寿在这上面，岂不妙哉！”这一指点让徐艳丰豁然开朗，赶忙谢过之后就要往家跑，刘姥爷又叫住他说：“如果写字，就用四字成语，‘福寿双全’这词最好。”

经过刘姥爷的指点，徐艳丰就以邻乡杨柳青的传统年画为蓝本，很快就绘制完成了八仙祝寿的跑马灯图案。至此，历时三个多月，这件寓意着“六六大顺”的六层八角形走马灯顺利完工。另外，刘姥爷提到的“福寿双全”四个字，也被徐艳丰描在了另外一件四方形花灯上。

寿诞日这天，两盏花灯作为送给姥姥的寿礼，可谓交相辉映，亲戚朋友们的交口称赞不仅让徐艳丰欢欣鼓舞，更是让最疼爱他的姥姥心里美滋滋的，当着大家的面说：“好孩

徐艳丰早期制作的花灯（20世纪60年代）

子，姥姥可是真没白疼你！”说着还拿给了徐艳丰一块钱，要知道按照当时冰棍儿 3 分钱 / 根的物价水平，这可是一笔不折不扣的“巨额”奖励。

时间来到 1966 年，一场轰轰烈烈的运动席卷而来，毛泽东主席站在天安门城楼上向群众挥手的画面，常常出现在纪录片、报纸、海报等地方，这让心潮澎湃的徐艳丰确定了新的创作目标——天安门城楼。自小从没有离开过永清县的徐艳丰，根本不曾有机会去看看现实中的天安门城楼是个什么样子，能够给他最直观印象的就是彩色纪录片中播放的画面。为此，他每晚跟随电影放映队，走遍了周围的十里八乡，一遍遍仔细观看影片里面天安门城楼的镜头，但即使看过再多遍，想仅凭大脑的记忆用秸秆去扎刻制作天安门城楼的模型，无异于天方夜谭。

对于秸秆扎刻的制作来说，图片的作用比纪录片中运动着的画面更大，于是徐艳丰将目光锁定在了村里大队订阅的报纸上，作为当时村民们最主要的外部信息来源之一，他几乎每天都要跑去大队部看报纸，不认识字也没关系，因为他只希望能找到一张登载了天安门正面照片的报纸。但事与愿违，直到临近 1967 年春节，徐艳丰梦寐以求的照片也没有出现在报纸上。

即便如此，徐艳丰的心里依然满怀一腔热血地为天安门城楼模型的创作工作做各种准备，然而在现实中，他也因为“不务正业”被打了个一脸鲜血，甚至还落下了终身残疾。当时的徐艳丰十四岁，已经算是半个大小伙子、要在生产队上挣工分了，但因为他个子小、身体瘦弱，队里算是照顾，就分配给了他相对轻松的看菜园子的工作。这可以说是队里最舒服的活儿了，不需要耗费太多体力，只要坚守岗位，就能稳拿工分。可是，心心念念一定要扎一座天安门城楼的徐艳丰，哪里耐得住守菜园子这种“无聊”？中午换班吃个饭的工夫，菜园子里就找不见他了。大人们虽然生气，但念在他只是个淘气的半大小子，也就是教训几句、下不为例了事。或许是有人发现并专门利用了徐艳丰这个“漏洞”，几天后菜园子就发生了偷盗案件，给生产队造成了“重大”损失。但这时的徐艳丰对此事却仍是毫不知情，当他拎着四处采来的高粱秆刚一踏进家门，迎面撞见的是脸色铁青、两眼冒火的继父，不由分说，几巴掌劈头盖脸地打下来，徐艳丰已经倒在了地上，母亲眼看着继父怒火未消也劝说不住，只得赶紧拉起满脸血迹的徐艳丰跑去姥姥家“避难”。

姥姥家虽然可以暂住，但自己家终究还是要回的，迎接徐艳丰的是继父严厉的警告：“你要是再不好好干活，弄那些破秫秸秆，我非打死你不可！”

当家里的环境已经容不下任何一根高粱秆的存在时，不远处的小玩伴马顺家成了徐艳丰的避风港和后续的创作基地，特别是马顺的三爷爷——河北省艺术学校的退休教师马义亭，老人家或许是当时唯一一个用艺术的眼光看待徐艳丰和他的秸秆扎刻创作的人。因为在占绝大多数的其他人看来，徐艳丰一意孤行的行为无论如何都无法理解，为此村里人还给他起了一个绰号——“高粱秆儿”。

虽然是历尽坎坷，但徐艳丰制作天安门城楼模型的决心依旧，各种准备工作也丝毫没有停歇。春节临近，县里按照惯例都会到身为烈属的姥姥家进行慰问，在这年带来的慰问品中，有一张56个民族大团结的年画，画中的背景正是徐艳丰朝思暮想却一直求之不得的天安门城楼全景图，而且这正好还是一张视角直对城楼正面、各处细节勾勒清晰的大图。苦苦找图数月无果的徐艳丰在见到这张年画后，简直是喜出望外，一定要问姥姥要走这张刚刚贴上墙的年画，拿去用来扎刻天安门城楼。姥姥自是清楚徐艳丰对秸秆扎刻的痴迷，理解和支持就更不必说了，在把年画揭下交给徐艳丰的同时还嘱咐他要好好做，但更重要的是千万得躲着继父做。

天安门城楼模型可是个前所未有的大工程，仅原材料的需求量，就是此前那些蝈蝈笼、花灯一类根本无法比拟的。自然生长而成的高粱秆，仅凭肉眼挑选，粗细难免会有细微的差别，这种在制作小物件时几乎可以忽略不计的误差，会在由数万根秸秆组成的大型作品上被数倍放大，进而导致不良的后果。但此时的徐艳丰手里，连一把最简单、有刻度的标准直尺都没有，就更不用说其他更精准的测量工具了。没有合适工具的解决办法也很简单，就是自己动手，徐艳丰用借来的皮尺把长竹片加工成了最小刻度为一分（3.33毫米）的尺子，但这样的精度还是远远不够，他就用手来一根一根地捻，靠感觉去分辨毫厘之间粗细的异同，就凭着这样的熟能生巧，徐艳丰练就了徒手分辨0.1毫米的“特异功能”。

一边端详着年画上的天安门城楼，一边手里捻着秸秆进

徐艳丰在挑选秸秆（2005年）

行分类，徐艳丰心里的那座天安门城楼仿佛就要“拔地而起”。为了能够将天安门城楼模型制作得更加逼真，徐艳丰又去找到了二爷爷徐福坤，从二爷爷的口中他得知中国古建筑的“模数”与“权衡”。模数，是建筑整体及各部分、各构件尺寸的基本计量单位，建筑各处的大小均依此进行计算；权衡，即为比例，是在模数基础上规定的各部分、各构件的比例。为了能讲得更加明白，二爷爷拿起笔边说边画起了草图，徐艳丰仔细地听着、认真地看着、用心地记着，这时他愈发清楚地意识到了一个问题，就是天安门城楼的结构复杂，其模型的扎刻难度远超自己此前的所有作品，想仅凭打腹稿来确定数万根秸秆间的相互位置及连接结构根本就是不可能完成的任务。为此，没有上过一天学的徐艳丰也试着拿起了纸和笔，模仿二爷爷所画那草图的样子，用各种自己规定了含义的简单符号，结合秸秆扎刻的独特结构，勾画起只有他自己才能看懂的图纸。他比量着年画中平面的天安门城楼，遵循二爷爷教给他的推算方法，进行立体复原并标记在图纸上。由于实在是听不明白二爷爷所说的那相同比例的放大或缩小，所以徐艳丰的图纸就干脆画成了跟最终的模型一样大，上面的圆圈方块、勾勾叉叉、长线短线……这些符号代表着横梁、立柱、斗栱等模型的各个部分。

徐艳丰这自创的设计图是不画不知道，一画也吓了他自己一大跳，按照天安门城楼重檐歇山顶，面阔九间、进深五间，下有城台的建筑形制，计划由秸秆扎刻搭建而成的城楼模型，其长、宽、高的尺寸会分别达到 2.2 米、1.1 米、1.2 米，连同附属建筑和各种装饰所需，粗略估算秸秆的总使用量将超过四十万节。尽管是早有准备，但如此巨大的秸秆需求量，还是远远超出了此前的预期，徐艳丰只能“偷偷摸摸”地利用中午干活儿的间隙和晚上的时间，游走于周围的十里八村，尽可能地去收集更多的高粱秆。除了生产队的高粱田，永清县当地还有不少野生的高粱散布在沟壑间，而且野高粱细细的秸秆，正是徐艳丰亟需且适用的制作材料。有一次，在村子东边与邻村交界的一处野沟里，徐艳丰正兴高采烈地“收割”着在沟里生长的野高粱，邻村的老乡发现了“形迹可疑”的他，以为是在偷高粱，便不由分说地把他带回了邻村。在邻村的大队部里，任凭徐艳丰怎么解释，大队干部还是将信将疑，但看着这些又细又小、几乎没有籽粒的野高粱，偷也确实没有这种偷法，最终只得留下了其中穗子相对稍大一点儿的几株，然后放走了徐艳丰。被误会的“插曲”根本阻挡不住徐艳丰找寻的步伐，甚至还被他当成了搜集高粱秆之路上的伴奏，为了尽快凑齐足够多的原材料，徐艳丰不仅是随地取材，更是“挖地三尺”，几乎把全村的柴禾垛翻了个底朝天，材料的“量”总算是有了初步的保证。

随着徐艳丰年岁的一点点增长，加之亲戚朋友们对作品的交口称赞，继父对于他捣鼓高粱秆的态度只能说是稍有宽容，但天安门城楼模型这个大工程，瞬间就再次激起了继父的愤怒。“家里、地里的活儿不见你正经干，天天就弄这些个没用的玩意，现在你还越弄越不嫌大了？”话音未落，继父抬起脚，几下就把徐艳丰刚扎好的城楼雏形跺了个稀巴烂。面对这出师不利的局面，徐艳丰并没有气馁，他把被继父踩坏的部分进行了替换，换下来的材料只要还有可以再利用的部分，就截短重新使用。随着制作工作的不断进展，城楼模型的体量是越来越大，因此把它隐藏起来的难度也是与日俱增。一天中午，趁着大人们午休的工夫，徐艳丰是埋头苦干扎得正起劲，却不料被正准备去“方便一下”的继父撞了个正着。本就睡得迷迷糊糊的继父，哪能容得了如此的“对抗”，在一通叫骂声中，几个月的心血又白费了，但徐艳丰根本顾不上心疼，为了不挨揍，赶紧一溜儿烟跑去了马顺家“避风头”。

“你做的这天安门城楼实在是太大了，在你家里肯定是藏不住，我家就我和三爷爷两个人，也有地方，你要是铁了心打算接着做的话，就干脆搬来我家住吧？”马顺的提议不

《凉亭》

作者：徐健

仅解决了徐艳丰面临的难题，恰也正合了继父的心意，因为徐家的人口多，住人的地方本身就很紧张，能搬出去一个人，也算是缓解了家里的实际困难。徐艳丰就这样除了吃饭的时候匆匆回一下自己的家，其他时间就都住到了马顺家，而且这一住就是七八年。

马顺的三爷爷马义亭自小在戏班里做科学戏，专攻刀马旦，虽然没能够成为名家，但也是具备相当高的艺术修养。中华人民共和国成立后，马爷爷进入河北省艺术学校担任专职教师，退休后在家跟马顺一起生活。成长背景和工作环境的差异，决定了马爷爷在思想观念、教育理念以及待人接物等方面，与村里其他老辈人的不同。眼看别人眼中那个天天不出力干活儿、只知道捣鼓高粱秆的徐艳丰就这样躲到了家里，马爷爷心中不仅没有一丝丝的不悦，更是以实际行动提供着鼓励和支持，从制作原料、工具、图纸到半成品、成品，马爷爷都给保存得非常完好。有时，徐艳丰专心于制作会忘记时间，一直做到很晚，甚至是通宵，马爷爷也从来没有因为影响休息或是浪费电之类的说过什么。

在如此宽松的创作环境中，徐艳丰终于可以大张旗鼓地搞扎刻了，采来的高粱秆也可以光明正大地铺开在院子里晾晒，扎好的模型也不必再绞尽脑汁地藏匿了。但常常会乐极生悲，当徐艳丰放开手脚搞扎刻并初见成效的时候，不料继父竟然在路过马顺家时走了进来，看见院子里这铺天盖地的高粱秆和半人多高的城楼框架，二话没说，又给砸了个稀碎，还抡起胳膊给了徐艳丰一个大耳光。这一巴掌，直接打得徐艳丰左耳失去了听觉，但他也不敢说，想着过几天可能就好了。可是又过了几天，左耳依然是听不见声音，悄悄告诉母亲后，母亲才赶紧带着徐艳丰去县医院检查和治疗，但终究还是留下了残疾，至今徐艳丰的左耳仍是半聋的状态。

天安门城楼模型一而再、再而三地损毁和重建，并没有丝毫地动摇徐艳丰创作的决心，特别是在反反复复制作和修复中，他对材料的处理和应用日臻成熟，结构的设计和连接更趋合理，扎刻的手法和技艺更是日渐精进。

四、“高粱秆儿”的倔强

徐艳丰与继父之间因高粱秆而产生的不可调和的矛盾，村里人也都是看在眼里，有大人猜想小男孩儿都好动，徐艳丰这孩子可能就是中午休息的时候没有什么可玩儿的，所以才摆弄起了高粱秆。于是，有好心的邻居介绍了一个扣砖坯的活给徐艳丰，扣一千个砖坯可以挣到两块钱。继父一听自然是喜出望外，在他的命令下，徐艳丰只能是心不甘、情不愿地迈进了砖厂的大门。扣砖坯这活儿没有什么技术含量，就是费体力和耗时间，累一些对于徐艳丰来说不算什么，可这一下子把空余时间都给占了个满满当当，天安门城楼模型得到什么时候才能扎好呢？第四天中午，徐艳丰把心一横，就没再过去砖厂那边干活儿，而是转向去了马顺家接着扎城楼。

闻得徐艳丰竟然没去砖厂的口信，继父径直冲去了马顺家，这次的徐艳丰确是逃不出“事不过三”的命运了。继父连嚷带骂地把他拽回了家，反锁上大门，劈头盖脸地就是一顿打。不知道过了多久，徐艳丰恍恍惚惚地从昏厥中醒来，耳边只听得母亲的哭泣声和马顺的呼唤，这时他才意识到——自己竟然还活着。

马顺和另外一位小伙伴李云听到徐家院子里的哭喊声，跑过来却根本叫不开门，只能翻墙进了院子，看到徐艳丰的惨状和哭得死去活来的徐母也是吓坏了，两人赶紧合力把徐艳丰背回了马顺家并找来些紫药水帮着涂抹在伤口上。闻讯而来的姥姥，看到趴在炕上动弹不得的徐艳丰，哭着说：“孩子啊，咱就别再做这东西了行吗？”嘴上虽然劝着徐艳丰，但姥姥还是找到了继父去讨公道：“孩子虽然不是你亲生的，但现在他也是你的孩子，就算他总是捣鼓些秫秸秆，但也没有耽误出工和挣工分啊！这孩子不偷不抢，也不打架惹事，就玩点儿秫秸秆，你怎么就是容不下他呢？你就得照死里打吗？”姥姥说着也来了气，瞪着继父说：“你要是敢给这孩子打出个好歹，我们一家子都饶不了你！”姥姥这顿数落过后，继父也算是恢复了一些理智，只是徐艳丰在饱受皮肉之苦的同时，心里更苦，因为已经做了差不多一半的天安门城楼，又被毁了……

徐艳丰在马顺家的炕上趴了十几天，其间姥姥、马爷爷、马顺轮番劝他：“给你打得连命都快没了，就别再弄这些个秫秸秆啦！”但倔强的徐艳丰对此却有着自己的看法：我做的也不是什么偷鸡摸狗的坏事，更没有招惹或妨碍到其他人，我就想做些自己喜欢的东西怎么就不行了呢？这天安门城楼模型我不仅要做下去，更要做成功！

或许是姥姥的据理力争和“威胁”起到了作用，在徐艳

《隔扇房》

作者：徐健

丰恢复后，继父没有再逼着他去砖厂，但还是要接着去生产队挣工分。当时，一个成年人的满工是十个工分，徐艳丰虽然已经是十五六岁的大小伙子了，可因为瘦弱力气小，只能干些轻活，出一个工只能挣三个工分。于是，村里有些专好议论别人家长里短的长舌之人，就会借题发挥，说些“这样的孩子留着他干什么用？”一类的闲话，这些话很快也传到了继父的耳朵里。其实，继父对徐艳丰的暴躁多少也带有些恨铁不成钢的意味，毕竟在当时村里的绝大多数人看来，徐艳丰这样的顶多算是三等公民，甚至连二流子都不如。脾气本就暴躁的继父，禁不住这些闲话的煽风点火，又来到马顺家找徐艳丰。这时的天气已经入秋，徐艳丰就把制作场地从院子转移到了屋里，继父看着炕上、桌上、窗台上那无所不在的高粱秆，还是老一套——砸东西、打人。不过，值得庆幸的是，这次被毁的只是城台的部分，已经制作好大半的城楼部分被马爷爷藏去了没人住的西屋，从而得以了保全。

模型的第五次被毁是因村里是非之人的议论而起，但也显现出村里很多人对于徐艳丰和他捣鼓的高粱秆的蔑视态度。这种态度也影响到了村里生产队的代理队长，当马顺、李云还有其他年龄相仿的小伙伴，干一天活儿都已经可以挣到六个工分的时候，他却只肯给徐艳丰算四个工分，而几人的实际工作量却是相差无几。不仅仅是随便克扣工分，在分配工作内容和检查劳动成果的时候，这位代理队长也是时常刁难和针对徐艳丰，甚至还会去继父那里告些“恶状”。一次，徐艳丰在工间休息的时候睡着了，代理队长直接就是一记耳光。“你凭什么打我？”徐艳丰气愤地质问道：“继父打我，那他毕竟是我的继父。你凭什么随便打人？”可就是这简单的一句反抗，徐艳丰就被扣上了“破坏农业学大寨”的帽子，代理队长叫来了驻村工作队的两名持枪民兵，把徐艳丰押去田地尽头的大坑边“撅着”。这一“撅”就从中午到了午夜，村里的夜班公安员巡逻时发现河边还“撅”着一个人，才把徐艳丰带了回来并开始做教育：“你一个年轻人，不努力建设社会主义，拖‘农业学大寨’的后腿。听说你还没完没了地搞些个‘四旧’，私自做大庙……”这些大帽子扣得徐艳丰是冷汗直冒，生怕自己会被关进监狱，哪里还敢解释申辩，只能低着头乖乖地听着。公安员训完一通之后就出去了，这时旁边一位年纪稍长的叔叔走近徐艳丰并压低声音问道：“你做的那东西是什么啊？我觉得还挺好看的呢。”徐艳丰根本不敢说是天安门城楼模型，怕再被安上“污蔑社会主义祖国”的罪名，只得小心翼翼地回答说：“我做的那什么也不是，就是自己随便做着玩儿的。”那叔叔接着小声说：“马之（马顺的哥哥）带我去看过，真的挺好看的。以后你要是再做的时候，一定避着其他人。晚上要把窗户堵上，别让外面看见你那里整夜亮着灯，小心着点儿！”然后叔叔又故意放大了声音说：“作为一名社会主义新青年，你应该带头搞生产，好好参加队里的劳动。”后来徐艳丰才知道，这位不知名的叔叔是一位被下放的处级干部，虽然他自己身处逆境，但也让被体罚了半天一夜的徐艳丰体会到了什么叫作“良言一句三冬暖”。

徐艳丰能用于开展制作的主要时间段就是晚上，他接受了干部叔叔的建议，不再使用引人注意的电灯，他找来墨水瓶自制成一盏小煤油灯，靠在墙角凭借着微弱的火光艰难地、坚定地完成着自己的理想。为了有钱买煤油，徐艳丰在四处寻觅高粱秆的同时，又多了另一项搜索任务，就是捡破烂。村里的人看到后，在不争气、不要强、不务正业等的基础上，又给徐艳丰加上了不知廉耻、自甘堕落的评价。

靠着信念的支撑和废寝忘食的赶工，天安门的城楼部分终于扎刻完成了。为了保护好这来之不易的成果，徐艳丰把它从马顺家的西屋，藏去了平时堆放满各种杂物、根本不会有人进去的西厢房，作为“双保险”，又把它吊挂在了更隐蔽的房脊下。但这阶段性的胜利根本不足为喜，因为后续城台部分的制作是更加的一波三折。

时年五岁的妹妹还根本没有达到懂事儿的年纪，可是在

《八角亭》

作者：徐晶晶

大人们的影响下,她对哥哥捣鼓高粱秆的行为也很是“反感”。就在徐艳丰加紧赶制城台部分的当口，妹妹很不情愿地被指使去马顺家叫哥哥回来吃饭，因为费了好大劲才算拉回了做得正起劲的徐艳丰，于是顺嘴就告了一状：“爸爸，大哥不听话，还做他那破东西呢！”早已熟知继父作风的徐艳丰慌忙夺门而逃，但城台却无法逃脱再一次被毁的宿命。

对于这样的结果，徐艳丰早已是“习以为常”，他倔强地开始了又一次地收拾残局、重新来过。几个月后，城台的地基部分已经做好，有两米多长、一米多宽，简直比一张单人床还要大，占用了西屋的很大一部分空间。碰巧有次徐艳丰和马顺都不在家，马顺哥哥马之的一位朋友要来家里借住几天，看见这庞然大物不知如何处理，也没问马爷爷，就自作主张地把它送回了徐家。面对着这“羊入虎口”的好事儿，继父自然是不会留情，而且处理得也是更加彻底，直接就是一把火,把徐艳丰几个月以来的心血干脆地化作了缕缕青烟,只剩下一抔灰烬。

相对于模型第七次被毁所带来的难过，更让徐艳丰感到失落、无助和绝望的，是他没有地方能继续做扎刻了。眼看着徐艳丰每天神不守舍的样子，还是姥姥向他伸出了解围的援手。村里有一位姥姥的干弟弟叫杜云亭，按辈分徐艳丰就管他叫作杜姥爷。在姥姥的授意下，杜姥爷在家中腾出了一个房间给徐艳丰，可以居住，也可以在那里偷偷地做秸秆扎刻。终于，在半年之后，用以承托天安门城楼模型的城台部分终于完成了。但是此时的徐艳丰又面临了新的问题，就是杜姥爷家的房子也因有他用，不能再待了，他只得带着作品在同村赵鹤翔大哥家进行了短暂周转后，又来到了村里的另一位詹培姥爷家。詹姥爷的儿女都不在身边，有徐艳丰在家里，不仅能照顾他，也还能陪他解解闷儿，有了好不容易得来的创作空间，徐艳丰也是干劲十足，城台附属的金水桥、华表等建筑在不久后就都陆续完成了。

转眼这时又到了冬季，利用农闲的季节来清理河道，以防备来年的水患，是永清县及周边的永定河泛区每年冬天必不可少的任务。已近成年的徐艳丰必然要随着村里的壮劳力们一起去“出河工”，而且出工的地方离家比较远，去一次就得一两个月，平时的吃住就都在工地上。詹姥爷的年岁大了，身边又一下子没有了人照顾，定居在天津那边的弟弟就提议让他卖掉老宅，然后搬过去老哥儿俩一起安度晚年，而且大城市里的生活条件也能够更好些。由于徐艳丰去出河工找不到人，房子的买主为了腾空房间，就把已经完成的城台及那些附属建筑等，一股脑儿送去了继父家，结局又是一把火……

等到徐艳丰从工地回来，梦想早已随风袅袅而逝，而且连灰烬都没能够见到。这是1970年的初春，整整三年七个月的越挫越勇终究只落得了一场空，如此噩耗直接将徐艳丰重重击倒，大病一场。然后，“高粱秆儿”徐艳丰的确也有着如高粱秆一般宁折勿弯的性格，愈后的他更加坚定了自己的信念——只要不死，就要接着做秸秆扎刻！

徐艳丰工作照之一（20 世纪 80 年代）

五、终会实现的梦想

随着长大成年，家庭生活的重担也就压到了徐艳丰这个长子的身上，连小学学历都没有的他，只能在离家 40 公里外的一个工厂里谋到了一份值夜班的工作。虽然此时的继父已不再暴力干涉他无休止地捣鼓高粱秆，但因为工作之余的时间非常有限，徐艳丰不得不放慢了创作的节奏。虽然只能是忙里偷闲，但徐艳丰仍然在这几年里陆续完成了“山西应县佛宫寺释迦塔”“南京大报恩寺琉璃塔”“庆州辽代白塔”以及一些自己设计的建筑模型。尽管这些作品的规模都不及此前的天安门城楼模型宏大，但“慢工出细活儿”，作品的精细程度和艺术水平都有着肉眼可见的大幅度提升。而且在创作的过程中，徐艳丰每每在遇到困惑、难点或自己解决不了的问题时，都会跑去找二爷爷徐福坤指点迷津，二爷爷也视徐艳丰为家族手艺的继承人，将祖辈相传的古代建筑知识以及模型构建规范和技巧等倾囊相授。二爷爷告诉徐艳丰，榫卯是中国传统木结构最独特的连接和固定方式，凸出来的叫榫、凹进去的叫卯，大到各式建筑的柱、梁、枋、檩、斗栱，小到座椅板凳等家具器物，无论是两个、三个或是更多个部件间，都是通过榫和卯紧紧咬合在一起，不会使用一根钉子。徐艳丰在二爷爷的指导下，参照传统的木工榫卯，结合秸秆材料的特性，陆续改良并开发出了各式秸秆榫卯，秸秆榫卯的应用，进一步提高了扎刻作品的稳固程度，也保证了建筑模型如祖先们搭建的木结构一样，不使用一根钉子！

1979 年，弟弟徐艳青已经成为一名高中生，他是眼看着哥哥百折不挠地捣鼓了十几年的高粱秆，如今已经做得是有模有样。于是，他不知深浅地直接写了一封信，寄送到了当时的中华人民共和国对外贸易部，在信中他介绍了哥哥徐艳丰所制作秸秆扎刻的情况。对外贸易部的回复很快就发到了永清县外贸局，县里派来同志详细了解了秸秆扎刻制作需使用的原材料、工艺技法以及制作的流程、时间等情况。随后，天津、河北等一些周边地区外贸部门的同志也都陆续找到徐艳丰，饶有兴趣地欣赏了成品并观看了制作过程。但各地同志得出的观点比较一致，认为秸秆扎刻受原材料、制作周期、个人技艺等多方面条件的限制，根本无法实现对外贸易所需的大批量、规模化生产……

1981 年，徐艳丰经人介绍认识了邻乡姑娘孙淑芬，在交往的过程中，他一直谨言慎行地刻意隐瞒着自己制作秸秆扎刻的“癖好”。同年，二人喜结良缘。这个被徐艳丰严密

徐艳丰制作的秸秆扎刻《花灯》（20 世纪 80 年代）

保守起来的秘密，一直到 1982 年 7 月，河北省群众艺术馆来信联系,想要看看徐艳丰制作的秸秆扎刻建筑模型的时候,才终于露了馅儿。不过，此时是生米已经煮成了熟饭，徐艳丰和孙淑芬的第一个孩子马上都要出生了。后来，因为做扎刻的事儿，夫妻俩也争过，也吵过，由此而产生的争执几乎从未间断。但是说归说、闹归闹，妻子却一直在用实际行动支持着徐艳丰,夫妻二人也有了明确的分工,从高粱的播种、打理、采收一直到秸秆的分类，都是妻子负责，后续的扎刻制作才由徐艳丰来动手。这样的“合作机制”就在吵吵闹闹中，一直维持了几十年。

河北省群众艺术馆之所以会突然联系到徐艳丰，其实是源自一次偶然。与徐艳丰同村长大的一位好伙伴叫曾昭春，在此前不久曾去与永清县相邻的霸县（今霸州市）办事。在霸县的文化站里，曾昭春看见桌上摆着一个用高粱秸秆制作出的建筑模型，在好奇心的驱使下他就随口问了一句：“这是啥啊？”文化站的工作人员告诉他：“这是天安门的模型，是挑选出来准备拿去日本展出的备选作品。”在农村里长大的、二十几岁的小伙子哪里懂得说话的轻重，曾昭春直接说道：“这哪儿能看出是天安门来啊？我们村的徐艳丰做得比这个可好太多了！”

说者无心，听者有意。这番话恰好被一旁河北省群众艺术馆的王宇文老师听了个真切，王老师细心地问曾昭春要到并记下了徐艳丰的联系地址。从霸县回到石家庄后，王老师就给徐艳丰寄去了一封信，这就是那封“泄密信”。妻子把信里的内容念给了不识字的徐艳丰并帮他给王老师回了信，徐艳丰也按照信中约定的时间，到石家庄与王老师会了面。王老师细致地询问并记录下徐艳丰制作秸秆扎刻及作品的情况，当得知此前制作的天安门城楼模型还被偷偷保存着的时候，王老师当机立断，让徐艳丰以最快速度把作品运到石家庄，一切费用由河北省群众艺术馆负责。机会永远是留给有准备的人的，徐艳丰前前后后已经准备了二十年，现在他终于迎来了命运的转折，也开启了秸秆扎刻的梦想之路。

不敢有丝毫耽搁，徐艳丰连夜赶回了南大王庄，从马顺家西厢房的房脊下，摘下了十四年前悄悄挂上去的天安门城楼模型，掸去上面厚厚的灰尘，用布包好、装进了匆忙钉制的木箱。这木箱的长度有将近两米，宽和高也都有一米多，怎么才能把这个庞然大物运去廊坊、送上火车？这可难住了徐艳丰和马顺。好在这木箱只是体积巨大，实际重量并不是特别的沉，在村里另一位好伙伴刘炳鑫的帮助下，他们改造加大了一辆老式自行车的后座，捆绑好木箱，开始向廊坊火车站出发。约莫走出了十多公里，突如其来的暴风雨伴随着黑夜一起降临了，想想后面还有四十公里的路，徐艳丰犹豫了，他不想让伙伴跟他一起遭罪，打算先返回村里等到第二天再出发。但刘炳鑫却毅然决然地说："不行！你为了做秫秸秆受了那么多的苦，现在可算是盼到了出路，别说下雨了，就是下刀子也不能耽误，说什么我也得给你送去火车站。"就这样，徐艳丰的脸上是泪水混着雨水，二人摸黑冒雨、顶风前行，跋涉50公里，在天蒙蒙亮的时候赶到了廊坊火车站。

徐艳丰不识字更不会写字，买票、托运这些手续都是由刘炳鑫帮忙给操办的，而且他还专门找到车站的负责人，很郑重地说道："这可是省里选来送去日本展览的'大宝贝'，千万得小心！不能磕碰，更不能有任何损坏。"负责人一听这番话，事关重大可不敢有半点疏忽，赶紧协调了一节货运车厢，拉着徐艳丰和"大宝贝"一起，发车前往石家庄。

当时火车的速度本就不快，货车还要在各站进行装卸，所以就会更慢。早上从廊坊出发，火车开开停停，用了十多个小时才到达石家庄，再从火车站旁雇三轮车把大箱子运到省群众艺术馆，已经是晚上十一点多了。徐艳丰在门卫大爷那里休息了一宿，第二天早上王宇文老师还有鲁艾等几位老师一到单位门口，就看见了风尘仆仆的他，还有带来的那只

徐艳丰和他制作的《天安门城楼》

大木箱。打开木箱，里面的天安门城楼模型虽然未及清理，但巧妙的设计、精湛的工艺、优美的造型，仍是让在场的老师们纷纷竖起了大拇指。

为了能够让天安门城楼模型重现光彩，王宇文老师专门找来了三名正在放暑假的大学生，耗费了好几天的时间，像清理出土文物一般，将模型里里外外彻底清理了一番。此时，赴日展品的评选结果也出来了，徐艳丰的天安门城楼模型获得了领导、专家们的一致认可。但没有城台是一个大缺憾，再用秸秆扎制肯定是来不及了，于是王老师请来了一位木工师傅，配合城楼模型的大小，制作了一个木制的城台当底座。

此后的两个多月，徐艳丰就留在了石家庄，在王宇文老师的带领下，为赴日本的展览做各种准备工作，直到所有入选的作品在天津港口装箱发出。临离开石家庄前，王老师问徐艳丰："石家庄市与日本长野市结为了友好城市，现在准备从这次参展的作品中选择几件最出色的作为国礼留在日本，大家都认为你的天安门城楼模型很具有代表性，现在征求一下你的意见。如果你同意，省里可以象征性地补助一些奖励资金，当然这并不完全代表你作品的价值，你好好考虑一下。"面对这求之不得的荣誉，徐艳丰毫不犹豫地表态："我同意！奖金就不用了。模型能有个这么好的归宿，我就心满意足了！"

一个多月后，徐艳丰接到来信再次前往石家庄，王宇文老师告诉他："省领导认为'你的作品雄伟、壮观、工艺精湛，是不可多得的民间艺术珍品，而且还具有很强的政治意义。’特别是在日本展出期间，也获得了当地的青睐。经省里研究决定，你这件《天安门城楼》模型作为国礼赠送给长野市。祝贺你！也感谢你！你为河北省工艺美术作出了突出的贡献！”河北省文化局的领导为徐艳丰颁发了荣誉证书，还将四百元的补助塞到了他的手里，徐艳丰实在推辞不过，只好收下了。

回到家里，一家人是皆大欢喜。继父说什么也没有想到，他眼中那“不务正业”做出来的“破玩意儿”，竟然能被省里相中，还送给了外国，更不可思议的是这一堆烧火的高粱秆，还换回来了四百块钱的巨款。母亲更是喜极而泣，尤其是回想起家里这些年因为捣鼓高粱秆而产生的恩恩怨怨，真心是五味杂陈、百感交集。妻子孙淑芬也是惊掉了下巴，没想到自己竟嫁给了这么一个不起眼的“能人”。徐艳丰则是自己捧着那张荣誉证书翻来覆去地看个没够，虽然上面的字除了名字，他几乎是一个也不认识。

夜已深，徐艳丰仍不能寐，脑海中他与秸秆扎刻、与天安门城楼模型的过往是历历在目，在踏入而立之年之时，自己为之坚持、奋斗、抗争的梦想，历经八次被毁、十四年尘封，奇迹般地得以成真，对他来说这不是终点，而是一个崭新的起点。

2023 年 8 月 27 日，笔者正在徐艳丰老师家中一起讨论本书细节时，王宇文老师于当日清晨去世的噩耗传来，享年 93 岁。徐艳丰老师悲痛万分，双手颤抖着拿着手机，呆呆地看着里面发来的消息，嘴里反复念叨着：“他可是我的大

王宇文老师（右）和徐艳丰（2014 年）

恩人啊！”

六、跨入艺术的殿堂

徐艳丰的石家庄之行载誉归来后，女儿徐晶晶已经出生，一家三口也单立了门户并分得了六亩田地。把高粱秆捣鼓出了名堂的徐艳丰也有了更多的自主权，直接把地里种上了四亩的高粱，妻子心中对此虽有着一万个的不满意，但也拿他无可奈何。

20 世纪 80 年代初，我国的农业生产在种子、化肥、耕作技术等方面都取得了革命性的成果，相对于村里其他人家种植的小麦、玉米、花生等，徐艳丰家的高粱在种植品种上已经显得有些格格不入，但相对于品种差异更让人不解的，是他家高粱奇特的种植方式。奇特之一是“混杂”，在徐艳丰家的地里同时种着好几种不同的高粱，而且也不像其他人家那般，只选高产的优良品种，他家种的是优劣混杂；奇特之二是“混乱”，正常的农业种植，不论是高粱或是其他作物，都要保持一定的行距、株距，但徐家的地里的植株可以说是疏密无序；奇特之三是“混事”，想要有好的收成，就离不开规范的田间管理，可徐家的高粱地偏偏是既不浇水，也不施肥，更谈不上能打多少粮食，按庄稼人说，这地种得是再糊弄不过了。

如此之“混”，徐艳丰是自有道理，被大家当作笑谈，也是毫不在意。因为在他的心中，一个新的目标已经暗暗打定，自己的作品已经作为国礼送给了外国，那就应该做一件更好的作品，献给最亲爱的祖国！制作更好的作品，就需要更好的原材料，自家地里那些“奇特”的高粱，就是徐艳丰专为秸秆扎刻培育的新品种——铁杆高粱。

材料已备、心意已定，新作品的选题成为徐艳丰要思考的首要问题。作品既要展现出中国传统建筑的美轮美奂，也要代表秸秆扎刻技艺的最高艺术水平，从最初的举棋不定，到后来的反复推敲，徐艳丰最终选定了颐和园的佛香阁。佛香阁的结构是三层、八角、四重檐、攒尖顶，作为万寿山上的主体建筑坐落于城台之上，是颐和园的核心景观和制高点，打定主意的徐艳丰准备一鼓作气，力争用一年的时间完成它。

1982 年 10 月，徐艳丰以佛香阁为目标，再次开启了精益求精、不眠不休、近乎疯狂的创作模式。但与此前不同的是，现在的徐艳丰有了贤内助的帮衬，尽管因为他不管不顾地做扎刻，夫妻二人的争吵几乎不曾停歇，甚至有时还会爆发小规模的“肢体冲突”，但妻子依旧是任劳任怨地操持着家里家外的一切。

次年的金秋，在这个收获的季节里，徐艳丰的新作《佛香阁》模型也如期大功告成。模型的整体高度为 1.3 米，为了便于存放和运输，被制作成了可拆分的城台和楼阁两大部分。徐艳丰将二十年来积淀的扎刻本领、技巧、经验倾注于一体的《佛香阁》模型，不仅在外形上对建筑本体进行了高度还原，而且门窗等部分均采用了符合实际使用状态的可开合的方式，雕花等装饰部分则更显细微之美。

在将精心制作而成的《佛香阁》模型仔细包装好后，徐

徐艳丰工作照之二（20 世纪 80 年代）

艳丰兴奋地抱着箱子，坐进了邻村去往北京送货拖拉机的后斗。深秋时节，他还是一身单衣，兜里也只有五块钱，没有身份证明、没有介绍信、没有北京粮票，有的只是一腔炙热的报国之心。

“北京可大了！你要去北京的什么地方啊？”开拖拉机师傅的一句话，把徐艳丰从遐想中拉回了现实，这么大的北京城他根本就不知道应该去什么地方。“那就把我放到天安门吧！”徐艳丰想了想后回答道，因为在他的心里，天安门是最能代表祖国的地方。看着巍峨的天安门城楼、壮阔的天安门广场，徐艳丰激动的心情久久不能平复，拖拉机师傅已经接着去送货了，只留下了广场边漫无目的的徐艳丰，还有身边硕大的纸箱子。

这种“诡异”的行为很快就引起了巡逻武警战士的注意，两名战士走近徐艳丰问道：“看你在这里待了挺长时间了，你是从什么地方来的？到天安门这里要干什么？”他们又指了指一旁的纸箱，警惕地问道：“这大箱子里面装的是什么东西？”正愁投奔无门的徐艳丰赶忙回答：“我就是一个农民，永清来的，我是第一次来北京。这是我自己做的工艺品，我就是想把它献给国家。”战士们听罢，将信将疑地又问道：“献给国家？你有介绍信吗？是跟哪个部门联系的？”徐艳丰答：“没有介绍信，也没联系过，国家不就是天安门吗？所以我就到这里来了。”此话一出，给巡逻的战士整了个哭笑不得，打开箱子检查了一下，确实也不是什么危险物品，说：“听你说话倒是永清口音，这都挺晚的了，你也不能在这里待一夜啊，你先跟我们走吧！”后来一聊才知道，其中一名战士的老家是沧州，跟徐艳丰还能算是半个老乡。

回到中国历史博物馆（现中国国家博物馆）的值班室，战士们给徐艳丰倒上了热水，又看他穿得实在单薄，就给了他一件棉大衣。正巧这时候中国历史博物馆的赵德康老师路过值班室，战士们就把徐艳丰的事情告诉了他。这位赵老师看上去五十来岁的样子，身形高高瘦瘦，听完战士们的讲述感兴趣地问道：“小伙子，你能把想献给国家的‘宝贝’给我看看吗？”徐艳丰赶忙将纸箱打开，然后把《佛香阁》模型的城台、阁楼组合在了一起。赵老师边看边说：“这样的工艺品我真的还是第一次见，结构做得这么精细、复杂，算是一件不错的东西！你专门学过建筑设计或者至少也得上过高中吧？”徐艳丰惭愧地摇了摇头说：“我在农村长大，家里困难，一天学都没上过，可以说连字都不认识。”赵老师一脸惊讶地说：“啊？不可能吧？那……那你是怎么想要做这个的呢？”徐艳丰就把这次冒失来京的前后因果原原本本地说了一遍。

赵老师听后，嘱咐徐艳丰先在这里歇一下，过了不一会儿他端着一小盆热腾腾的蛋炒饭回到了值班室，亲切地说：“饿了吧？你先一边吃着，一边听我说。”徐艳丰的肚子早就饿得咕噜咕噜直叫了，连声道谢并接过炒饭开始狼吞虎咽起来。赵老师说：“一看你就没出过门。出来办事要先在村里大队开好介绍信，用来证明你的身份和说明要办的事情，不然哪个单位你都进不去，连招待所你也住不了。今天你就

徐艳丰工作照之三（20 世纪 90 年代）

在这里凑合一晚吧，明天我把你这情况跟领导汇报一下。”安置好徐艳丰，赵德康老师就先回去休息了。

刚过午夜，武警队长到值班室来查岗，看见了这个陌生的面孔和大纸箱子，非常严厉地询问是什么情况。值班战士回答说：“这人是第一次来北京的农民，箱子里是他做的工艺品。”队长一听就急了，训斥道：“你们怎么这么没有原则和警惕性，这人有介绍信吗？箱子检查了吗？你们考虑这事情的危险性了吗？好好检查一下，赶紧让他离开！”

凌晨的天安门广场冷冷寂寂，徐艳丰不停地围着箱子一圈圈地小跑取暖，直到东边的天空慢慢露出了鱼肚白。一位晨练的大叔路过这里，看见守着大箱子的徐艳丰，好奇地问道：“这是什么东西啊？”一听说是工艺品，就怀着猎奇般的心理提出想要看看。于是，徐艳丰就把这座秸秆扎刻而成的《佛香阁》模型又组装了起来，可这一装是不要紧，立马引起了往来人们的围观。其中，一名身着时髦的紫色运动服的女士，操着徐艳丰没有听过的奇怪口音悄悄地问道："小伙子，你这东西是你的吗？我很喜欢，你能把它卖给我吗？"徐艳丰说："这是我做的，但我不能卖给你！因为这是我要献给国家的。"那位女士又说："你不卖的话，咱们也可以交换。我可以用电视机、电冰箱或者其他东西跟你换它。"徐艳丰依然果断地拒绝了她。不久，那位女士又带来了一位男士，一起跟徐艳丰商量说："你就把这东西卖给我们吧！我们很有诚意的，不信你看看！"说着他打开了手里的皮包，包里面装满了花花绿绿、徐艳丰不认识的钞票。一看这情形，徐艳丰连声说着："不行，不行！不卖，不卖！"手里也是紧忙收拾好模型，装进箱子准备离开。

这一幕正好被赵德康老师看到了，他来到徐艳丰身边问道："那两个人跟你说什么呢？"徐艳丰把刚才发生的事情一五一十地告诉了赵老师，赵老师听后说："那个女的是日本人，男的是她丈夫，两人就住在前面不远处的北京饭店，经常会来附近晨练。你听我的，这东西可千万不能卖给她们！"徐艳丰认真地点了点头，说："赵老师，您放心！这只能献给国家，其他人我谁都不给！"赵老师帮徐艳丰一起封好了纸箱，说："今天是周日，我一会儿马上给领导打个电话，看看尽量帮帮你，你把东西收好，就待在这里等我。"很快赵老师带回来了一个令徐艳丰兴奋但又遗憾的消息，中国历史博物馆的领导听到赵老师介绍的徐艳丰和他的手艺后，有意留他在馆里的模型组工作，制作古建筑的木制模型。面对这番好意，徐艳丰自知没有制作木制模型的经验，也搞不懂比例尺，更不会画正规图纸，所以只能在感谢过后与赵老师告辞。

徐艳丰的心情就在短短一个早晨的工夫里是一起一落，眼神中也透露着疲惫与茫然，或许是看出了他的无助，方才一直在人群中关注着他的一对父子走到近前。这位父亲看上去四五十岁的样子，他对徐艳丰说："我们爷儿俩在这儿看你半天了，你是想把这作品献给国家对吧？但现在除了你，别人都不知道这个事儿啊！我给你出个主意，从那边顺着南池子街一直向北走到头，再往东拐走不了多远，就是中国美术馆了，那里边有很多各种各样的艺术品，我觉得你可以去那里问问试试。"一边说着，他还一边掏出了工作证给徐艳丰看，说："我姓段，在学校当老师，这是我的工作证，你要是信得过我们爷儿俩，我们现在就带你过去？"

正不知所措的徐艳丰仿佛抓住了一根救命的稻草，在父子二人的帮助下，他们一起抱着大纸箱子来到了中国美术馆，就在大门对面的一个水泥台子上，又把《佛香阁》模型给组装了起来。周日的中国美术馆门前人来人往，是非常热闹，徐艳丰的"摊子"前面很快就聚集起了不少的人，人们都以为他就是个摆地摊儿卖东西的，便七嘴八舌地问道："这是什么东西啊？""这东西怎么卖啊？"徐艳丰赶忙解释："这是我用秸秆做的《佛香阁》模型，这东西我不卖，我是要把它献给国家！"人群的聚集很快就"惊动"了在附近执勤的警察同志，既影响了交通，还涉嫌非法经营，警察同志要求他们必须立刻收拾东西离开。因为那天是休息日，也找不到中国美术馆的工作人员，三人只好把东西再次装了箱，这可怎么办是好呢？

正在踌躇之时，段老师问徐艳丰："小伙子，你要是相信我的话，那你就带上东西先跟我们爷儿俩回去，等明天上了班，我再想办法帮你联系，怎么样？"于是，上天无路、入地无门的徐艳丰随着段老师来到了位于东城区东石槽胡同的家，但任凭段老师百般解释、儿子反复求情，段夫人依旧保持了高度的政治敏锐性和警惕意识，坚决不同意"身份不明"的徐艳丰踏进家门半步。最后，在段老师父子二人的极力争取下，段夫人也只是同意收留了作品，段老师只得把家里的地址写在了一张纸条上交给了徐艳丰。作品算是暂且安置好了，但徐艳丰的人还得去自寻去处……

来来去去的这一通折腾，时间已然过了中午，徐艳丰肚子里昨天晚上的蛋炒饭早已被消化得无影无踪，在附近找了个商店想买些吃的，可他身上只有带的五块钱，并没有北京市的粮票，商店不卖给他。看着徐艳丰饥肠辘辘站在商店里的样子实在可怜，一位老大姐送给了他半斤粮票，肚子的问题这才算是暂时解决了。可是，徐艳丰没有介绍信，眼看天色渐晚，住宿的问题又一次摆在了他面前。两天一夜，只吃了两顿饭，几乎没有合过眼的徐艳丰，强撑着身体漫无目的地游走在北京的街头。北京城十月的夜晚，已是寒风阵阵，徐艳丰在一处建筑工地讨到了些热水，喝下算是暖了暖身子，随后他发现工地外的一处角落堆着不少废弃的麻袋，寒、饥、困交迫的他直接一头钻了进去，再睁眼已是第二天天明。

无处可去的徐艳丰拍去身上的尘土，想着周一应该都上班了，决定再去中国美术馆碰碰运气。沿着昨天的路一直找回到中国美术馆，在大门口向工作人员说明了来意后，中国美术馆的两位老师接待了徐艳丰。经过一番仔细地询问，老师们对徐艳丰口中要“献给国家”的宝贝很是感兴趣，马上就派了一辆小轿车，拉上第一次坐小轿车的徐艳丰，一起敲开了东石槽胡同段老师家的门。在热心人们的共同努力下，徐艳丰用高粱秸秆扎刻而成的《佛香阁》模型终于摆在了中国美术馆会议室的桌子上，美术馆的专业老师们围着、看着、讨论着，因为中国美术馆之前从来没有收藏过类似材料和工艺的作品。两位老师商量了一下，然后对徐艳丰说：“这件作品很精美，工艺水平也不错。但现在馆里的领导和专家都去法国进行文化交流了，最快也要半个多月才能回来。你这作品的事儿等他们回来我们会进行汇报，能否被馆里收藏，还需要会商论证。您给我们留下个通信地址，无论结果如何，肯定都会给您一个答复！”

结束北京之行回到南大王庄的徐艳丰，在寝食难安中焦急地等待着，一天、两天、三天……这期间为了方便照顾老人、孩子，一家人也从南大王庄搬去了邻乡的妻子家暂住。直到第二十九天的中午，妻子回到家扔给了徐艳丰一张报纸，说：“你看看，这上面说的是谁？”煎熬多日几近抑郁的徐艳丰，懒懒地躺在床上，很不耐烦地说道：“让我看什么？

徐艳丰工作照之四（20 世纪 90 年代）

你不知道我不认识字啊？”妻子微微一笑，伸手拿起报纸，装模作样地清了清嗓子，说：“那我念给你听啊！1983 年 11 月 20 日《中国青年报》‘青春曲’板块，《这东西我不卖》。十月的一个星期天，在北京中国美术馆门前，一群外国人把一个农村小伙子团团围住，又是手忙脚乱地拍照，又是争先恐后地讲价钱，都想买得小伙子手中的一件东西。小伙子执拗地连连大声说：‘这东西我不卖！我不卖！’怎么回事呢？小伙子叫徐艳丰，二十八岁，家住河北省永清县农村……目前，小徐的《仿佛香阁》已由‘中国民间美术博物馆’收藏。在金钱和国家之间，小徐毫不犹豫选择了国家。这就是一位普普通通的农民的美德。”

一篇只有几百字的“豆腐块儿”报道，妻子读的是字

青春曲

「这东西我不卖！」

十月的一个星期天，在北京中国美术馆门前，一群外国人把一个农村小伙子团团围住，又是手忙脚乱地拍照，又是争先恐后地讲价钱，都想买得小伙子手中的一件东西。小伙子执拗地连连大声说："这东西我不卖！我不卖！"

怎么回事呢？小伙子叫徐艳丰，二十八岁，家住河北省永清县农村。小徐从小就喜爱用高粱秆编结鸟笼、蝈蝈笼之类的小物件，到了十四岁时，已擅长塑造中国古代的传统建筑。他曾制做过一件仿天安门的作品，参加了在日本展出的《河北省民间美术展览》，后由河北省群众艺术馆收作馆藏。从去年开始，他又用了近一年的业余时间，制作了一座规模宏大的阁楼《仿佛香阁》。这件作品由几种粗细不同的高粱秆巧妙地连接而成，造型生动，工艺精巧，目睹者无不连声夸赞。

作品完成以后，有人劝小徐拿出去卖个好价钱。小徐偏不，他特地从家乡来到北京，把自己心爱的作品交给国家收藏。于是，在中国美术馆门前就发生了被外国人"包围"的事。目前，小徐的《仿佛香阁》已由"中国民间美术博物馆"收藏。

在金钱和国家之间，小徐毫不犹豫选择了国家。这就是一位普普通通的农民的美德。

赵勤

在1983年11月20日出版的《中国青年报》上登载的《这东西我不卖！》

正腔圆，徐艳丰则是被直接从床上"炸"了起来。虽然之前已经有了作品被河北省选作为国礼的经历，但这次，自己的作品是真真确确地得到了国家级专家的认可，进入了国字头的最高艺术殿堂，徐艳丰顿时是失声痛哭，是喜？是悲？是错愕？是激动？心中滋味可能连他自己都说不清楚。

七、各界的认可

茶饭不思、辗转反侧了近一个月的徐艳丰，如释重负般地一口气吃了两个玉米面大贴饼子、喝了三碗粥，倒头一觉睡到了第二天的日上三竿。这时院外传来了汽车发动机"轰隆隆”的声音，从车上下来的三位同志，分别是永清县委宣传部的于景龙老师、《中国日报》的记者宋曼红老师，还有一位是中国美术馆的赵勤老师。《中国青年报》上刊登的那篇《这东西我不卖！》，正是出自赵勤老师的笔下。相互作过介绍后，于景龙老师先开了口，略带责备地说：“小徐啊，去北京这么大的事儿你怎么都没跟县里说一声呢？这国家的报纸上都报道了，咱们自己家里还什么都不知道呢！”徐艳丰不好意思地答道：“我是脑袋一热就去了，真是不懂得还要跟县里说，更是真的想不到还能上了报纸……”原来，是北京的两位老师按照之前徐艳丰留给中国美术馆的地址先去了南大王庄，但家里没有人。所以，他们只好联系了永清县委宣传部，县里这才知道了徐艳丰的事，随后是从县公安局

·4· 1984年4月12日

徐艳丰

（报告文学）

1984年4月12日《中国青年报》

查户口，这才找到了徐艳丰妻子家的地址。当天，宋曼红老师对徐艳丰进行了专访；赵勤老师也与徐艳丰约定了时间，邀请他再去北京与中国美术馆的领导、专家们见个面，顺便一并领取作品的收藏证书。

此后，徐艳丰的家里一下子热闹了起来，《河北日报》《廊坊日报》《北京晚报》《中国青年》《河北画报》《农村青年》等多家报纸、杂志，先后对徐艳丰进行了采访，河北电视台还拍摄了专题片。媒体大量报道产生的最直接的影响，就是家里每天收到的如雪片一般的信件，一度多到甚至需要用筐来装。起初，徐艳丰还让家人把来信内容念给他听并帮忙写回信，后来信件实在太多，没办法一一进行回复，他就通过《中国青年》的刘孝义老师在杂志上向那些热心关注自己的朋友们统一进行了回复和致谢。

再到北京，中国美术馆党委书记、副馆长曹振峰，研究馆员、工艺美术专家李寸松等领导和专家热情地接待了徐艳丰。在进一步的交流中，他们知悉了徐艳丰的秸秆扎刻工艺、作品创作以及人生经历，甚是唏嘘。原来，二位老师当时正在主持和谋划“中国民间美术博物馆”的筹备工作，他们在看到徐艳丰的秸秆扎刻作品后，认为它极富民间特色、符合传统美学、具备较高工艺水平，所以一致决定收藏了《佛香阁》模型。另外，在这次见面的时候，李寸松老师还给徐艳丰出了一道“命题作文”，他说：“颐和园的佛香阁确实是一座很有代表性的传统建筑，但我国现存古建筑中，最复杂、最著名、最有代表性的应该还是故宫的角楼，你能试着做一件吗？”徐艳丰从小就听二爷爷徐福坤讲过故宫角楼“九梁、十八柱、七十二脊”的故事，但他从来没有见过角楼，哪怕只是图片。他回答李老师说：“李老师，我可以试着做做！但是，我不知道角楼是个什么样子，能给找一张照片或者最好能去实地看一看吗？”李老师当机立断，说：“没问题！咱们现在就出发。”中国美术馆距离故宫很近，走路十来分钟就到了筒子河转角处的东北角楼，又转去西北角楼仔细观察了一番之后，徐艳丰满怀信心地对李老师说：“您给我一年半的时间，我保证给您送来一座《故宫角楼》模型。”李老师看着面前这位无比坚定的农村青年，说：“好！那咱们一言为定！”

《故宫角楼》模型局部

长话短说，徐艳丰用了不到一年半的时间，完成了《故宫角楼》模型的制作，模型的整体高度约为一米，因为这次制作有了建筑原型的对照，不再是仅仅依靠图片，所以还原程度更高，作品呈现出来的效果也更好。没有任何悬念，秸秆扎刻《故宫角楼》模型也被中国美术馆正式收藏了，徐艳丰不仅领取了作品收藏证明书，还得到了一笔丰厚的奖金——一千元。

在这段时间里，徐艳丰还先后获得了共青团河北省委员会颁发的“科技能手”“青年能手”，共青团廊坊市委员会颁发的“自学成才成绩显著”“新长征突击手”等多个奖项。同时，很多待遇优厚的工作岗位也向徐艳丰发出了召唤，其

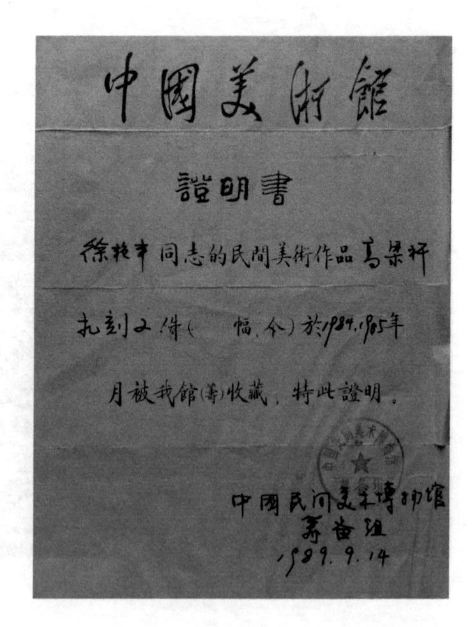
中国美術館

證明書

徐艳丰同志的民間美術作品高粱秆扎刻2件（ 幅、个）於1984.1985年月被我館（籌）收藏，特此證明。

中国民间美术博物馆
筹备组
1989.9.14

中国美术馆作品收藏《证明书》

中有军队政治部门的直属部门，可以直接入伍；有中国艺术研究院在深圳的分支机构，提供空调公寓，还能带家属；还有陕西西安的古建规划设计处……但由于各种原因，徐艳丰还是继续留在了南大王庄。

1985年，徐艳丰曾经在陕西西安短暂工作过几个月，在这里他结识了毕业于南京大学建筑系的郑陕阳工程师。临离开西安前，郑工程师送给了徐艳丰一本《中国古代建筑史》，还有一把徐艳丰此前从未使用过的精密仪器——游标卡尺。从此，有了称手的先进工具，徐艳丰的秸秆扎刻更是做得愈发精细，至今这把游标卡尺还被徐艳丰视为珍宝，完好地保存在家中。

同年，妻子又为徐艳丰产下一子——徐健。父母康健、

全家福（1985年）

儿女双全，家里的生活是前所未有的幸福和温馨，徐艳丰更是可以安下心来，专心致志地种高粱、做扎刻，正值壮年的他也迎来了自己创作高峰。

1987 年，作品《黄鹤楼》模型赴加拿大多伦多市参加中国造型艺术展。

1989 年，作品《故宫角楼》模型荣获河北民间美术展优秀奖。这年，在技艺上给予了徐艳丰极大帮助的二爷爷徐福坤去世了，回忆着二爷爷给自己讲述故宫角楼传说时的场景，再看看手中获奖的《故宫角楼》模型，徐艳丰相信二爷爷一定会为这一切而高兴和欣慰。

1990 年，作品《古建筑扎刻》荣获上海中国民间艺术

参加在上海举办的“中国民间艺术博览会”（1990 年）

博览会创作奖，作品《黄鹤楼》模型荣获河北省第二届民间美术展览优秀奖……

1992年，徐艳丰应文化部邀请，赴日本参加“庆祝中日友好二十周年文化交流活动”，第一次坐飞机、第一次踏出国门、第一次与众多著名艺术家同行……这一爆炸性消息在南大王庄，以至永清县里，是一石激起千层浪。村里人眼中的那个因为“不务正业”差点儿被打死的“高粱秆儿”，不仅登上了报纸、电视，现在竟然还坐上飞机出了国，成为艺术家，这几乎让所有人都惊掉了下巴。

将时间拨回到1991年8月的一天，永清县文教局文化股的祁志忠股长匆匆忙忙地跑到家里来找徐艳丰，说接到了河北省文化厅转发的通知，文化部邀请徐艳丰参加“庆祝中日建交二十周年赴日访问艺术代表团”。祁股长让徐艳丰抓紧准备一下作品，后天县文教局会安排专车，送徐艳丰和作品去北京，到文化部商议赴日本交流的相关事宜。

在文化部，社会文化司的领导及相关负责同志亲切地接待了徐艳丰，在详细介绍了赴日本访问的具体行程、活动内容、注意事项等后，他们又一起到长富宫饭店会见了日本方面的负责人员。这次徐艳丰带来的是《释迦塔》《故宫角楼》《知春亭》这几件建筑模型作品，令日方人员称赞不已，说一定都要带去日本进行展出。

在各项准备工作有条不紊地完成之后，1992年春节前夕，由著名京剧表演艺术家梅葆玖、著名演员六小龄童、中国工艺美术大师阮文辉等艺术家以及初出茅庐的徐艳丰等，共近三十人组成的代表团，从北京首都机场出发，飞往日本东京。

在进行了两天的休整和准备后，交流活动的第一站就落在了东京最著名的商业区“银座”，文艺表演和手工艺展示分区域进行。徐艳丰连中国字都识不得几个，日文就更不用提了，仅知道的几句日语也都是从《地道战》《地雷战》这些抗战电影里学来的，为了方便活动期间的交流，日方给他安排了一名随身翻译——尤良之子。活动开幕式上，代表团的带队领导将徐艳丰的作品《景山亭》模型作为礼物，赠送给了东京市政府。

活动开始后不久，一位年近耄耋的老先生缓步走到了徐艳丰的展位前，围着作品一圈圈格外仔细地上下打量，然后就是细致地观察着徐艳丰的制作过程，可以看到老先生认真的眼神中透出了矍铄的光。看了许久，老先生从背包里拿出了一本书递给徐艳丰看，嘴里说的日文中不时夹杂着一个中文词——“国宝”。徐艳丰听不明白，接过书一看也都是日文,不过上面印的图片都是一些日本手工艺制品的彩色照片。通过尤良之子的翻译，徐艳丰得知日本非常重视历史文化遗产及相关内容的保护，将各种有形文化财产（相当于现在所说的物质文化遗产）称之为“重要文化财”或“国宝”，同时，也将各种无形文化财产（相当于现在所说的非物质文化遗产)的艺术家,由国家认定并被媒体等称之为“人间国宝”。而老先生的这本书上，记载的就都是这些“国宝”。

在翻译的帮助下，老先生又饶有兴致地详尽询问了徐艳丰很多制作方面的问题，他对徐艳丰和秸秆扎刻作品是连声

中国代表团将秸秆扎刻作品《景山亭》赠送给日方

称赞，并说他在中国、日本以及亚洲各地都不曾见到过类似的艺术品，结构严谨复杂、比例和谐精准、制作精巧考究，可称得上是“东方构成学的典范”！当时在场的领导和专家们，无不惊讶于这位日本老先生所做出的评价，可以说是高度形象、准确、精炼地定义了徐艳丰的秸秆扎刻。后经曾在东京大学留学并留校任教的海外学者王珂老师按照大家所描述的相貌进行推断，这位老先生应该是东京大学艺术系的一位知名老教授。

代表团在日本的活动安排及行程非常紧凑，横滨、京都、岐阜、冈山，在每个地方停留的时间都是三天。就在即将启程前往第六站名古屋的前一晚，徐艳丰突然腹痛难忍，后经紧急送医被诊断为急性盲肠炎。为了不耽误整个团队的行程，徐艳丰选择了保守治疗并强撑着完成了后续在名古屋、米子、和泉、大阪四地的活动任务。回到东京再休整两天就该回国了，但徐艳丰也是实在坚持不住了，被送进了东京国立医院。中国驻日本大使馆的负责同志直接与日方就手术事宜进行商议，但医院始终不肯答应大使馆同志“保证中方人员无事”的要求，只肯“保证中方人员回国前无事”。既然如此，只能回国再做手术，徐艳丰还得继续依靠药物维持，在掐算着特效强力止疼药的起效时间用上药后，徐艳丰坐着轮椅被推上了回北京的飞机。

国内这边，文化部已经安排工作人员提前把孙淑芬接到

赴日本参加文化交流活动（1992 年）

了北京，与救护车一起在首都机场等候，飞机一着陆，就直接把徐艳丰拉去了北京友谊医院，参考在日本的检查结果，安排专家进行了手术。术后，徐艳丰在医院休养了一周，住院期间文化部的相关领导和负责同志、日本驻华大使馆的工作人员等都先后到医院看望并表示关怀。出院时，文化部派专车将徐艳丰和妻子送回了南大王庄，回到阔别了一个多月的家，母亲、儿女、亲戚们都满怀好奇地等待着，想要听听徐艳丰讲讲外国的新鲜事儿。当得知在日本吃的那些生鱼片、生鱼籽、生牛肉等，很多东西都是直接生吃时，母亲说："天天吃生的，不得盲肠炎才怪呢！晚上咱包饺子，好好给你补补。"大家哈哈一乐，继续听徐艳丰讲着各种"东洋景"。

从日本载誉归来之后，媒体的报道更多了，省、市电视台还录制了专题节目，徐艳丰和他的秸秆扎刻获得了各界的广泛认可。与此同时，慕名来找徐艳丰的人也是络绎不绝，有想购买作品的、有打算学艺的、有寻求合作的，在其中也就掺杂了某些唯利是图的人。

八、不惑之年的遭遇

1992年，徐艳丰跨入了不惑之年，由于从小生活的环境较为封闭、大部分时间也都是一门心思做扎刻，所以他的社会阅历还是很浅薄，加之此前在石家庄、北京，乃至出国，遇到的全都是好心人，种种原因加在一起，让正在秸秆扎刻之路上专心前行的徐艳丰，摔了一大跤。

这是一位刘姓的工程师，此前曾在廊坊市某国企任职，改革开放后他“下海”经营了一家制作料器花（一种传统手工艺品）的工厂，但随着市场需求的转变，工厂一直处于亏损状态，即将面临倒闭。恰巧这时候，刘工程师在电视上看到了关于徐艳丰和秸秆扎刻工艺的报道，他感觉找到了能使工厂起死回生的良方。刚好工厂里食堂的厨师也是南大王庄的人，于是在同村人的带领下，刘工程师来到了徐艳丰的家。

刘工程师非常健谈，也很会察言观色，他声情并茂地描绘出一幅大规模生产秸秆扎刻艺术品的生动画卷。双方的合作模式是，刘工程师出启动资金、徐艳丰出技术，目标就是一起让秸秆扎刻艺术发扬光大，走出中国、走向世界。刘工程师当即提出聘请徐艳丰作为工厂的艺术顾问，待遇可谓是十分优越，工资每个月五百元，住宿是单人公寓、吃饭是专厨小灶、看病是全额报销，另外还可以负责全家的养老保险，将来工厂在廊坊市里盖职工公寓的时候还能够分配住房。既能够实现弘扬扎刻艺术、传承扎刻技艺的愿望，又距离很近方便照顾家庭，还能得到一份相对丰厚的报酬，如此多全其美的好工作，打动了淳朴的徐艳丰和一家人。

进厂的第一个月，刘工程师按时给徐艳丰发放了五百元工资，也兑现了除住单人公寓以外的所有承诺，两人合住的理由也很合情理——方便探讨技艺。徐艳丰的工作也相对简单，就是帮助工厂里原先做料器花的工人转行，教他们一些简单的扎刻技法。第二个月，刘工程师拿出来一式三份的劳动合同，说都是之前约定好的那些内容，要徐艳丰和他一起去公证处签署并进行公证。徐艳丰根本看不懂合同里的内容，也没有什么法律意识和警惕性，更不明白什么叫作公证，出于相互间的信任，就稀里糊涂地按了手印，合同是双方各留一份，公证处存档一份。

但就是在签完合同后的几个月里，徐艳丰在工厂的待遇渐渐地发生了变化。

首先，是小灶取消了。徐艳丰转去和厂里的工人们一起吃大锅饭。原因是刘工程师太忙，基本不在工厂吃饭，只有徐艳丰一个人吃小灶太特殊、太浪费。从小吃苦长大的徐艳丰，本也不在乎吃喝，就没说什么。接着，是药费不给报销了。从小身体就瘦弱的徐艳丰，平时难免需要买点儿药，用来应付一下头疼脑热之类的小毛病，想着也没几个钱，也就先凑合着自己付了。而后从第三个月开始，工资竟然也不给发了，

由徐艳丰主持制作的部分《圆明园四十景》模型（1992 年）

说是厂里暂时资金周转困难，会等到年底的时候一起发。

在各种待遇被不断克扣的同时，徐艳丰还被刘工程师反复欺骗、利用和剥削。

其一，在刘工程师的强烈要求下，二人一起去河北省群众艺术馆拜访了王宇文老师。刘工程师同样是以推动扎刻艺术在全世界形成更大影响、实现可观的经济效益等为远景描绘的美好蓝图，打动了热心的王老师。王老师带着他们又去拜访了我国文化遗产保护及古建筑领域泰斗级的专家罗哲文教授。

罗哲文教授在得知来意后，非常欣喜地交给了徐艳丰一本《圆明园四十景图》图册，《圆明园四十景图》是由清乾隆年间的宫廷画师唐岱、沈源、冷枚等依照圆明园的风貌，历时十余年绘制而成。画作的原件在 1860 年时被英法联军掠走，现藏于法国国家图书馆。在圆明园被火毁后，这些画作就成为人们领略“万园之园”鼎盛风采的最直观的途径，罗哲文教授以图册相赠，希望徐艳丰他们可以参考图册上的画景，尝试复原一些圆明园的建筑模型。

刘工程师敏锐地嗅到了其中所蕴含的商机，在回到廊坊后，立即紧锣密鼓筹备起了《圆明园四十景》模型的制作工作。在反复催促徐艳丰按照图册设计好所需的制作图纸后，刘工程师就谎称图册丢失，实则是被其据为己有。同时，刘工程师还安排他的妻子、侄子、侄女、外甥等亲属负责并参与选料、分类、开槽等各工序的工作，特别是很多关键部位的制作环节，也都是要求徐艳丰只进行指导，实际操作则必

为《圆明园四十景》模型召开的专家鉴定会（1992年）

须由那些亲属动手来完成。庞大的《圆明园四十景》模型的制作工程，就这样伴随着满怀诡计的“偷艺”，仓促地上马了。

其二，刘工程师通过徐艳丰联系到了包括《人民日报》海外版美术摄影组组长、高级编辑许涿老师在内的很多媒体和专家，他以相同的说辞鼓动老师们共同为《圆明园四十景》这个项目造势。后来，他甚至大言不惭地编造出类似“在旧书摊上花一块五毛钱买到了《圆明园四十景图》图册”等谎言，大肆渲染他艰苦且立志的制作经历。

其三，是唯利是图。1992年10月，第二届中国民族文化博览会在北京举行，徐艳丰的作品《故宫角楼》模型在“民间美术大展”中荣获特别奖。奖金五千元经河北省文化厅拨付至廊坊市文化局，正值秋收时节徐艳丰回家务农，刘工程师竟然代领并私吞了这笔奖金。拖欠工资、福利全无、霸占成果、侵吞钱款，这一步步的欺诈让徐艳丰忍无可忍，找到刘工程师去理论。不承想，刘工程师不仅对之前的所有承诺矢口否认,更是轻蔑地一笑并拿出了那份经过了公证的合同，说他都是按合同办事，不服可以去法院告。这时才真正意识到了被骗的徐艳丰，赶紧拿上合同找人念给他听，之前口头上说的那些天花乱坠的福利待遇，合同里竟然是只字未提。

所谓的合作戛然而止，但刘工程师并没有停下进行中的项目，他带领着自己的亲属和工人，靠着徐艳丰留下的图纸以及偷学来的“半吊子”技术，十分勉强地完成了《圆明园四十景》模型的制作。而后，他又凭借着此前徐艳丰帮忙联系好的基础，在各类媒体上大张旗鼓地进行作品宣传，意图牟利。但怎奈人算不如天算，机关算尽的刘工程师，突发脑血栓，最终落了个半身不遂的下场，那套粗制滥造的《圆明园四十景》模型也是几经抵债，如今静静地躺在廊坊市某公司的仓储集装箱里。

辛辛苦苦工作了十一个月，总共只领到了一千元工资，却反被骗去了五千元奖金，更是还被偷学走了大半的技艺，这不惑之年的开端，损失实在是有些惨重。但徐艳丰对此却看得很开，他把这损失全当成了交学费。一方面是通过这段前所未有的经历，让徐艳丰第一次见识到了社会的阴暗面、切身感受到了人心的险恶，使他的人生阅历不断丰富。另一方面是秸秆扎刻技艺获得了很多新突破。因为徐艳丰此前的作品基本都是亭台楼阁等常见古建筑的单体模型，通过这次

《圆明园四十景》的设计，他很好地掌握了成排、成组的大规模古建筑的扎刻构建方法，同时也尝试完成了很多特殊结构古建筑模型的制作，如“万方安和”一景中的“卍”字形房屋等。此外，还有让徐艳丰感到欣慰的，是在这近一年的时间里，曾先后有三批、大概五六十名工人，随他学习了基本的秸秆扎刻技法，虽然他都没来得及记清工人们的姓名，但也算是用实际行动将秸秆扎刻技艺进行了传承。

徐艳丰自然也不会因为这次受挫而停下自己手中的秸秆扎刻创作：

1995 年，作品《故宫角楼》荣获“全国艺术之乡艺术精品展示大赛”一等奖；

1996 年，徐艳丰被联合国教科文组织、中国民间文艺

徐艳丰制作《圆明园四十景》模型时的工作照（1992 年）

联合国教科文组织、中国民间文艺家协会颁发的民间工艺美术家证书

家协会联合授予“民间工艺美术家”称号；

1997 年，徐艳丰被聘为美国泽维尔大学孔子学院“民俗文化国际交流项目”特聘专家……

九、西班牙之行的收获

1997 年 4 月，徐艳丰受邀参加在西班牙首都马德里举办的中国国际灯会展。这是一次民间的、商业性的文化交流活动，受邀参加的都是极具我国民间特色的艺术项目，如北京、苏州、四川的花灯，唐山的皮影，吴桥的杂技，四川的川剧，天津的泥人，永清的核雕等，内容丰富、艺人众多，展览活动地点设在了马德里市的南郊公园。

徐艳丰携带了《庆州白塔》《故宫角楼》《天坛祈年殿》《知春亭》《万春亭》《宋代阁楼》等多件作品前往西班牙，为了应对长途运输以及其他有可能造成作品损坏的情况，他还特地带了一大捆各种规格的高粱秆，以备不时之需。在庞大的队伍抵达马德里后，中国驻西班牙大使馆为大家举办了隆重的招待酒会，住宿也安排在了南郊公园附近的别墅里，位置、环境等条件都十分优越。这次展览的主角是花灯，因其体量巨大，成品无法远距离运输，所以只能到西班牙后再进行扎制，花灯没有完工，展览就迟迟无法开始。其他项目虽然不存在这个问题，却也只得是先在原地待命，包括徐艳丰在内的其他艺人，只能是在百无聊赖中静静地等待，不承想这一等就是两个多月，展览还未开始却已白白耗费了大量的时间和资金。

终于，中国国际灯会展隆重开幕了，马德里市的南郊公园内锦簇的花灯是美轮美奂，各种表演是异彩纷呈，特色手工艺品也是巧夺天工，园内处处都满溢着浓郁的中国元素。如此精彩的展览，吸引了西班牙当地媒体的大量报道，时间又恰逢七月，是当地的展览黄金期，所以展区里每天都是人头攒动，观者络绎不绝。很多当地人对徐艳丰的作品非常感兴趣，特别是那座酷似加了盖的斗牛场的《天坛祈年殿》模型，纷纷提出想要购买。虽然是商业活动，但展览组委会当时还有要去欧洲其他国家巡展的计划，所以都与艺人们签订了协议，要求主要展品不允许出售，因此徐艳丰日常还是以作品和技艺的展示为主。

参加在西班牙首都马德里举办的中国国际灯会展（1997年）

可谁知在热闹了不到一个月之后，之前人来人往的灯会展迅速安静了下来，一问才知道，当地人的生活习惯是暑期去地中海沿岸度假，马德里也几乎会成为“空城”。展览观众数量的锐减，直接影响了主办方的门票收入，由此导致的连锁反应就是参展人员食宿等费用的入不敷出。收入骤降且没有观众，川剧、皮影、古彩戏法等文艺演出的演员们，率先启程返回了国内，紧接着很多小吃类和手工艺类的艺人也都陆续归国。徐艳丰是坚守到最后的、为数不多的几个人之一，因为他在抵达马德里之后，就一直无偿帮助展览组委会承担着仓库管理员的工作任务。团队中的大部分人员虽然都已回国，但他们的道具、行头以及大量的工艺品等还都堆放在展览场地或储存在库房里，徐艳丰觉得自己既然应下了保管员这个工作，尽管没有一分钱的工资，那也还是要把这些东西都看管好。但此时此刻，展览组委会早已是人去屋空，更是不会再为仍在马德里留守的人员提供食宿及任何费用。

没有钱继续租住别墅，徐艳丰就直接住进了存放物品的仓库，算是解决了住的问题，但吃什么、喝什么呢？这时徐艳丰看到了仓库里自己带来的那一大捆备用的秸秆。

于是，徐艳丰就一边琢磨、一边动手开始试着用秸秆做一些小的工艺品，最先开发出来的是小手球，即由中间一组、周围六组，共七组秸秆锁扣拼插而成的球形小挂件，卖一百比塞塔（当时在西班牙流通的货币，折合人民币五至六元），但销售情况并不太理想。不过，在互动的过程中，徐艳丰发现人们对拼插方法的感兴趣程度远远超过了对这个小手球本身，于是他干脆把制作小手球所需的秸秆都先刻好槽，但并不进行组装，待有人购买时，他再现场教授购买者进行制作。这一下，半成品的销售量竟然好过直接卖成品很多，而且有的人不只是在现场做一个，还要再买走两三套半成品。小手球就这样奇迹般地供不应求了，价钱也逐渐卖到了三百、四百，最后是五百比塞塔一个。徐艳丰赶紧“乘胜追击”又开发出了多种类似的小工艺品，最终，带来的秸秆全部用完了，一算账竟然总共卖出了四十多万比塞塔，相当于两万多元人民币。

徐艳丰一直在马德里坚持到 1997 年 11 月，在所保管着的所有物品或运输回国或变卖处理后，才启程归国，回到了阔别大半年的南大王庄。在西班牙期间，一个为了生存的无奈之举，不仅维持徐艳丰在马德里后续近四个月的生活，更是为他的秸秆扎刻打开了新的设计思路，开拓了新的创作方向，这或许是他此次西班牙之行的最大收获。

秸秆扎刻小手球

十、与命运的抗争

2001 年 7 月 13 日的晚上，徐艳丰紧张地坐在电视机前，目不转睛地盯着中央电视台的直播画面，在国际奥委会主席萨马兰奇先生口中念出“BEIJING”的那一刻，徐艳丰与亿万炎黄子孙一样，激动得欢呼了起来。“祖国太伟大了！我还要扎一座天安门！为2008年北京奥运会扎一座天安门！”经过一夜的心潮澎湃，徐艳丰做出了这个决定。

这时的徐艳丰，早已不是三十五年前那个借助黑夜掩护、偷偷摸摸赶制天安门城楼模型的青涩少年，现在的他有着舒适的制作环境，也具备了更丰富的创作经验，他满怀信心地绘图、备料，打算用一年的时间，制作出一组天安门城楼及城台的完整模型，是给北京奥运会献礼，也是圆自己当年未完成的梦。

2001 年 8 月，徐艳丰的作品《黄鹤楼》在北京参加由中国文联、中国民间艺术家协会举办的“第二届中国国际民间艺术博览会”，荣获中国民间文艺最高奖——山花奖。但偏偏是造化弄人，正当徐艳丰鼓足干劲之时，从 2002 年初开始，他却总是感觉很疲倦，最明显的表现就是全身乏力。起初，他以为是因“春困”而造成的季节性的身体反应，过一段时间就没事儿了。可他没想到，两三个月后，不仅原有的症状越来越重，两条小腿和双脚也都逐渐浮肿了起来，几乎是不能沾地，走路更是非常的困难。农村里很多人的习惯就是生了病先硬扛着，徐艳丰也不例外，一直咬牙坚持着到了秋收之后，他是实在扛不住了，才不得不去了永清县人民医院，医院中医科的李大夫和徐艳丰都是县政协委员，也相识了很多年，询问过病情后又给徐艳丰量了下血压，说：“血

作品《黄鹤楼》模型在“第二届中国国际民间艺术博览会”上荣获中国民间文艺最高奖——山花奖（2001 年）

压高，先把降压药吃上吧。另外，你今年也五十岁了，有可能是更年期的症状。再做其他的检查、化验什么的都要花钱，你就先别做了，咱观察几天看看。你回家好好卧床休息，垫个枕头把腿抬高，或许可以缓解腿肿的情况。”

回家吃了几天降压药，徐艳丰不仅是血压没有降下来、腿脚的浮肿没有消，双腿更是开始出现了间断性的麻木、无知觉……再去医院，李大夫也不敢大意了，说：“本来想着帮你节省些检查费，现在看这情况恐怕是肾炎，咱还是好好检查一下吧！”待化验结果出来一看，肌酐竟然高达800多，是正常值的六七倍。李大夫考虑到徐艳丰家的经济状况，就给他开了最经济实惠的药——青霉素，但连续输了半个月，症状依然没有一点儿缓解。女儿也是病急乱投医，在看到电视广告里有种特效药后，就赶紧买来给徐艳丰吃了一个疗程，结果这“特效”就是直接给徐艳丰吃得连地都下不了了……

实在没办法，姐姐、弟弟、妻子一起连抬带架，勉强把徐艳丰送到了廊坊市人民医院，一测血压：高压275、低压140。全面检查之后，医生非常严肃地对一家人说道：“尿毒症晚期，肾也已经萎缩了。病人随时都会有生命危险，更不能轻易移动，必须马上住院。”虽然来时已经有了一定的心理准备，但医生的话还是如同晴天霹雳一般，直接给徐家人都劈蒙了。缓过神之后，几个人算计了一下，家里的积蓄一共有六千元，为了看病带来了三千元，这点儿钱在医院住不了几天就会用完，而且估计也解决不了什么问题。这里的大夫已经说了尿毒症是绝症，他们没有办法治，那就干脆死马当活马医，再去北京的大医院试试，就算是最后的一搏了。

徐艳丰的五叔徐永志（三爷爷徐福才的第五子）也继承祖上的木工技艺，早在十几年前就去了北京，一直从事着古建筑维修方面的工作。在接到徐艳丰的求助电话后，五叔排了一整夜的队，但也没能挂到协和医院的专家号，为了不耽误给侄子看病，最后只得咬牙从黄牛手中高价买了一个。第二天，五叔陪着徐艳丰走进了协和医院的诊室，泌尿科的一位七十多岁的老专家在看了检查结果并询问了家里的经济情况之后，语重心长地说道："我劝你们就不要再做检查了，就你们带的这点儿钱别说看病吃药了，单说检查费都差得远呢！看病人现在的情况，基本可以确诊就是尿毒症晚期，治疗的方法也很明确，就是先靠透析维持，然后寻找肾源、进行肾移植手术。透析一次的费用是五百多元，一周要做三次，直至匹配到合适的肾源；换肾手术大概需要二十几万元；术后还得终身服用抗排异药物。这对于你家来说，简直就是无底洞，就算是砸锅卖铁、典屋卖地又能凑出多少钱呢？"老专家看着面无表情的徐艳丰，说："你已经五十岁了，孩子也大了，应该没什么可遗憾的了，我给你开些药，回家吃上点儿可以减轻些痛苦。我这绝对不是往外推你，真的是为你和你家里着想，这样总比把钱都扔在医院里强。以你现在的状况，估计最多还有两周，你们回家准备吧……"老专家的这番话说得是入情入理，但五叔和徐艳丰听得是意冷心灰。走出诊室，其他人赶忙围上来询问情况，五叔重重地叹了口气，只说了句："不早了，咱一家人先去吃点儿饭，边吃边商量。”大家看着五叔的表情、听得这番话，谁也都不再说什么，一起默默地跟着往外走，农历十一月的北京，寒风萧瑟，比天气更冰冷的，是徐家一家人的心。

五叔带着大家去吃了涮羊肉，为了暖暖身子，也是为了给大家补补，但看着这一大桌平时不怎么能吃上的美食，桌上是没有一个人能吃得下去。妻子再也无法控制自己的情绪，“哇”的一声哭了出来，其他人随即也哭成了一片，五叔看着这样的局面，率先开了口：“既然这样，我就做个主吧！专家说了，治这病要花好多钱，至少得几十万，但咱们也不能因为钱的事儿眼睁睁看着艳丰死啊！我也知道咱各家的情况，上有老、下有小的也都不宽裕，但咱大家还是量力凑一些，先把透析给做上，能拖一天算一天。我出一万元，你们有就多出、没有就少出，凭咱的条件换肾是不可能了，但怎么也给他拖过腊月，开春再让他走。这孩子苦了一辈子，怎么也得让他享几天福。”听着五叔这么说，姐弟们更是哭成了一片，而徐艳丰则是木呆呆地瘫坐在那里，仿佛随时准备离开……

之后，五叔通过朋友联系到了北京市第六医院，在用大家凑来的一万六千元钱交押金办理了住院手续之后，徐艳丰的第一次透析也准备开始了。虽然医院已经做好了最充分的准备、家属也做好了最坏的打算，但出乎所有人预料的事情还是发生了，透析刚开始不到一分钟，徐艳丰的全身就不由自主地抽搐了起来，嘴里的牙齿也都在不停地发出摩擦、碰撞的声音。医生一看这情况，赶忙停止了透析并开始紧急处理，而徐艳丰的抽搐却是丝毫没有停止的意思，主任、专家、院长也都陆续加入到救治中来，可是一系列的治疗手段并没有体现出应有的作用，面对这样的情况，现场所有的人都有些束手无策。徐艳丰的全身痉挛在一直持续了十多个小时之后才渐渐止住，这时的他双眼紧闭、气息微弱，瘫在床上一动不动，如果不是仪器显示着他还有呼吸、心跳，看上去就跟已经离开了一样。危急的情况有所缓解，医生们也算是松了一口气，在给徐艳丰做了一些简单的处理后，将他送回了病房休息。此时徐艳丰的家人们，唯一能做的就是在不知所措中焦急地等待，然后就是无能为力地看着这一切。

就这样在病床上躺了一天之后，徐艳丰的手脚能稍微地动一动了，也可以有气无力地勉强着说几句话了，医生让陪护的家人给他喂了一点点牛奶补充营养。又过了一天，医院在各科室的专家们进行会诊之后，决定尝试再给徐艳丰做一次透析，同时也根据上一次出现的状况，提前准备好了更充分的应对措施。在医生、家人们的紧张关注下，第二次透析开始了，值得庆幸的是抽搐的症状没有再次发作，徐艳丰的血压、心率等指标也都维持在了一个相对稳定的状态。既然没有出现不良反应，透析就一直进行着并持续了五个小时，徐艳丰原本已经浮肿到发亮的全身，奇迹般地消了肿，人也变回了比原来还要消瘦的模样。透析治疗显现出了效果，徐艳丰就继续住在了医院，隔天进行一次透析，半个月之后，恢复到了可以自己下床慢慢走几步的程度，但那一万六千元的住院押金，也已经所剩无几。妻子又从娘家那边借了些钱，但也只顶了一个星期就又花完了，无计可施的妻子只能一个人躲在医院楼道的角落里偷偷地哭泣。

徐艳丰的身体依然很虚弱，但脑子却是很清楚的，他想着就算折腾了个家徒四壁、外债累累，自己也还是逃不过一死，但家里只剩下孤儿寡母的三口人，日子可怎么过啊？与其这样的话，自己不能再连累家人了，于是他一个人悄悄地乘电梯来到了医院的六楼，推开了窗户……此时，徐艳丰的脑海里出现的是年逾古稀的老母亲、陪伴自己多年的妻子、孝顺的女儿和仍在读中学的儿子，思前想后，徐艳丰又慢慢回到了病房，他想要回家，想再去见自己最爱的亲人们一面。

就在准备进行最后的告别，然后静待命运安排的当口，现实已是走投无路的事态竟然突然间出现了转机。这一切还是源于徐艳丰的妻子，住在医院的这半个多月里，妻子除了照顾和陪伴徐艳丰，没有事情可做的时候就会一个人躲去楼道的角落里低声哭泣，为了减少这样的空闲时间，热心的妻子就经常会去帮助其他病人干一些打水、打饭，甚至是其他一些脏活。不久，妻子和其他病人以及家属就慢慢地熟悉了起来，在医院里大家闲聊的话题肯定离不开病情，就这样医院里的很多人也都知道了徐艳丰的情况。恰好这天，徐艳丰的故事经三传两倒，传进了正在医院高级病房调养的北京大学老教授刘荣勋耳中，刘教授听闻后，饶有兴致地请其他病友把徐艳丰叫到了他的病房里。

打量着面前已被病魔折磨得形销骨立的徐艳丰，刘教授赶紧示意他坐下，随后刘教授一边在电脑键盘上敲敲打打，一边不紧不慢地跟徐艳丰聊起了家常。刘教授最感兴趣的必然是徐艳丰的秸秆扎刻，当了解到徐艳丰的作品曾作为国礼，也曾被中国美术馆收藏，中央以及河北省等地的许多领导都曾亲切接见过徐艳丰并给予作品高度评价之后，刘教授兴奋地说："小徐啊，我得救你！"这一句话把徐艳丰给说蒙了，北大的老教授总不能拿一个病入膏肓、行将就木的人开玩笑吧？还没等徐艳丰反应过来，刘教授接着说道："小徐，你先回病房休息，我出去一趟，一会儿就回来。"

约莫过了一个多小时，刘教授回到了医院，手里比离开时多了一沓子纸。这下徐艳丰才算搞明白，刚才刘教授跟他聊天时并不是在玩儿电脑，而是在边说边记，他已经把徐艳丰的事情整理成了一篇报道，刚才出去是回家把稿子打印了若干份。刘教授对徐艳丰说："这稿子我已经通过电子邮件发给了几家报社，你让家里人把这些打印出来的往其他报社、电视台什么的也都送一下，通过媒体呼吁大家一起来帮助你、救你。另外，你在北京还有什么熟人、朋友吗？你明天一早儿就都联系一下，现在这种情况也没有什么不好意思的了，活命要紧，得让他们一块儿帮你想办法！"徐艳丰听后是又惊又喜，一时间泪流满面也不知道该说什么是好，只得深深地给刘教授鞠了一躬。

在北京看病、住院了这么长时间，除了家里人，徐艳丰没有跟其他任何人说过，既是不想惊动朋友们，更是觉得碍于情面。听得刘教授这番话后，徐艳丰把心一横，面子不面子的已经无所谓了，就权当跟朋友们最后道个别。

马立明老师（左）和徐艳丰（2014 年）

最先知道这个消息的是中国美术馆的刘亚萍和马立明两位老师，早在 1983 年抱着《佛香阁》模型进京时，徐艳丰就与两位老师相识了，此后就一直保持着联系。放下电话，两位老师就把这个“危急情况”告诉了馆里的其他老师，当天上午她们就与李寸松、曹大为、赵勤、耿生、关红等老师一起，赶到了北京市第六医院。眼见那个记忆中虽然瘦小但精神矍铄的农村汉子，如今已被病痛折磨得形容枯槁、奄奄一息，中国美术馆的老师们在愕然之余，纷纷开始“责怪”徐艳丰：“出了这么大的事儿，你怎么不早说啊？！”在询问过病情之后，各位老师当即慷慨解囊并劝解徐艳丰说：“钱不是问题，咱们大家可以一起想办法解决！你不要想那些乱七八糟的，要鼓起勇气和死神做斗争！”从医院回到美术馆，老师们就联系到了《北京晨报》编辑部，报社的记者下午就

曾文先生（左）和徐艳丰（2004 年）

赶往医院进行采访，次日一早消息就见了报。

后续几天，《北京青年报》、北京电视台等媒体的记者都先后来到了徐艳丰的病房。《人民日报》的许涿老师、曾担任毛泽东主席警卫员的曾文先生和夫人赵媛教授、中国文学艺术界联合会的罗杨老师以及文化部、河北省文化厅、河北省群众艺术馆、廊坊市文化局的老朋友们，闻讯也都来到医院看望徐艳丰。曾文先生还向《北京晚报》编辑部的马道老师介绍了徐艳丰的境况，马老师不仅第一时间派记者到医院进行采访，更是让采访记者把他以个人名义捐助的三千元现金直接带了过来。严谨的马道老师在详细核实过采访内容之后，当天就在《北京晚报》上刊发了关于徐艳丰的报道。紧接着，《中国文化报》《北京广播电视报》等多家媒体也

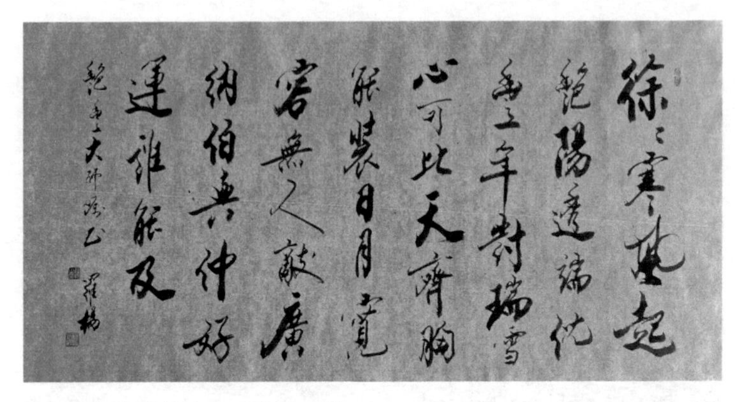

罗杨老师为徐艳丰题写的藏头诗

都陆续登载了关于徐艳丰的消息。

转过年来到了2003年初，徐艳丰病重的消息也传回到了永清县，县委、县人大、县政府和县政协的领导同志一同来到医院探望，并送来了慰问金。文化部社会文化司曾与徐艳丰一同访问日本的金维红处长，看到了《北京晚报》上的报道后，马上把情况报给了中国文联原党组书记、副主席，文化部原副部长、党组副书记高占祥同志。高占祥同志此前在河北省主管教科文卫工作的时候，就认识徐艳丰了，1984年还曾亲手给徐艳丰颁发了“河北省农村青年五大能手——科技能手”的奖项。当他听说徐艳丰目前身患重病、在京就医的时候，马上通知秘书联系医院详细询问情况，然后安排行程亲自去往北京市第六医院看望。

20世纪80年代中期，高占祥同志曾在河北省任省委副书记，他很欣赏秸秆扎刻作品，也对徐艳丰多有照顾，有时徐艳丰甚至还会“不知天高地厚”地直接跑去领导家里。后

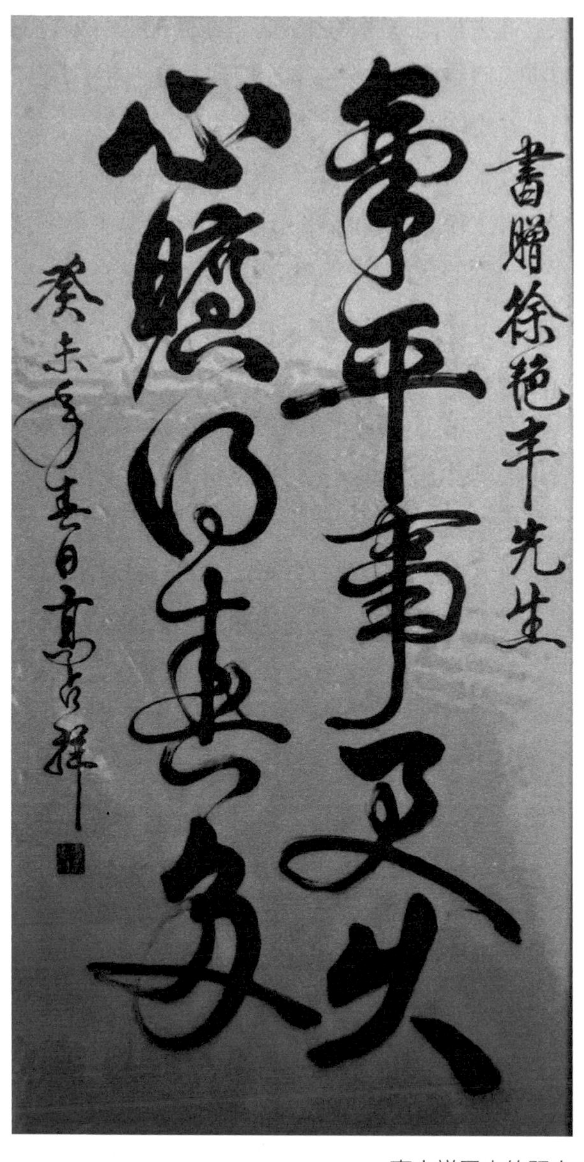

高占祥同志的题字

来，高占祥同志调动去了北京，徐艳丰怕影响领导工作，就很少再联络了。让徐艳丰没想到的是，领导不但没有忘了他，更是在得知消息后，立即联系并赶来医院。在病床前，徐艳丰和妻子是泣不成声，老领导亲切地说道：“小徐啊，我在河北省工作的时候咱们就认识了，到现在都是二十年的老朋友了，你的身体出现了这么严重的状况，怎么也不早跟我说呢？幸亏还是金司长给我打电话，我才知道的，就赶紧安排一起来看看你。刚才听医院的领导和专家介绍说你的病情目前基本稳定,那你就安心养病,一定要树立战胜病魔的信心！这里的领导、医生、护士也都很关心你，知道你家里的情况比较困难，医院已经决定把伙食费、床位费、取暖费都进行了减免，所以你一定要好好配合治疗。你的秸秆扎刻曾经为国争过光，以后你还得为国家作出更多贡献呢！”离开医院前，高占祥同志把亲手书写的一幅字——“气平事更久 心旷得春多”送给了徐艳丰，同时还留下了不少营养品以及两千元钱。此时的徐艳丰和妻子除了嘴里不停地说着“谢谢！谢谢！”已经是激动得无所适从……

北京电视台《大宝真情互动》栏目派出三名记者，在去永清县实地了解了家中的情况后，为徐艳丰做了一期专题节目并捐助了一万五千元。通过媒体上的一篇篇文章、一组组报道，来自四面八方素不相识的好心人都向徐艳丰伸出了援手。病房里的电话铃不时响起，直接来捐款的人更是接二连三，他们都是匆匆而来、匆匆而去，只留下捐助和祝福，却不留下姓名，徐艳丰和妻子唯有一遍遍地道着感谢并祈祷好人一生平安。不久后，全国各地的热心人也通过邮寄、汇款等方式，继续给徐艳丰送来了关心和支持。

民俗专家郭子昇老师和北京鬃人传承人白大成老师，先是以个人名义进行了捐款，而后二位老师还帮忙联系到了北京民俗博物馆，由博物馆出资六万元，收购了徐艳丰的《天坛祈年殿》《故宫角楼》和《黄鹤楼》三件建筑模型作品，而且博物馆明确表示绝不能以此来衡量作品的价值。两位退伍军人胡长利、王万林在看到媒体报道后，更是直接来到医院，提出要无偿捐献肾脏，谁能配型成功就用谁的。徐艳丰虽然满怀感激地拒绝了两位素昧平生的年轻人的好意，但从此他有了两位异姓的“亲弟弟”，这份恩情也更是铭记至今。

在无数救命恩人的无私帮助下，家里亲戚也都是倾尽全力，徐艳丰治疗和手术的资金问题总算是解决了。此后，刘荣勋教授又帮助徐艳丰联系到了北京友谊医院泌尿外科以肾移植为专长的解泽林医生。在北京友谊医院、解医生

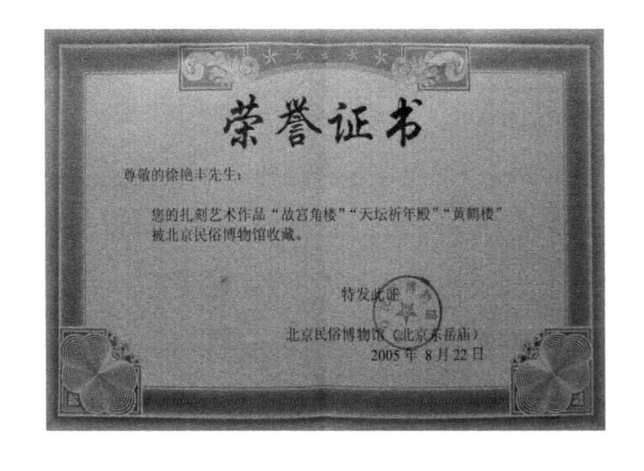

荣誉证书

尊敬的徐艳丰先生：

您的扎刻艺术作品“故宫角楼”“天坛祈年殿”“黄鹤楼”被北京民俗博物馆收藏。

特发此证

北京民俗博物馆（北京东岳庙）

2005年8月22日

北京民俗博物馆作品收藏证书

以及多方的共同努力之下，仅仅二十九天后，就找到了适合徐艳丰 O 型血的稀缺肾源。十五天后，成功完成了肾移植手术的徐艳丰康复出院，带着北京友谊医院赠送的、可服用半年的抗排异药物，回到了南大王庄，这时已经是 2003 年的夏天。

十一、传承人的遗憾

徐艳丰本就是个闲不住的人，劫后余生的他抱着要对得起那么多帮助过自己的人的信念，很快就又投入到秸秆扎刻作品的创作中并获得了诸多荣誉：

2004 年，作品《庆州白塔》荣获中国民间绝艺大赛“金奖”。

2005 年，参加中国器官移植受者才艺表演荣获“最具魅力奖”；荣获“首批河北省民族民间文化传承人”称号。

2006 年，参加中央电视台“百花迎春”春节大联欢；荣获第二届河北省旅游商品大展“银奖”；“秸秆扎刻技艺”被列入河北省第一批省级非物质文化遗产名录。

2007 年，赴澳门特别行政区进行文化交流，在卢家大屋展览并在澳门大学举办讲座；作品《飞云楼》荣获中国工艺美术文化创意大赛“银奖”和中国木雕创作大赛“金奖”。

2008 年，徐艳丰被评为省级非物质文化遗产项目代表性传承人；彩扎（秸秆扎刻）被列入第二批国家级非物质文化遗产名录；作品《飞云楼》荣获中国农民艺术展“精品奖”。同年，曾居住在南大王庄的同乡陈书元老师，完成了记叙徐

高占祥同志（中）为《高粱秆的宫殿——记扎刻艺术家徐艳丰》作序（2008 年）

艳丰成长及创作经历的报告文学《高粱秆的宫殿——记扎刻艺术家徐艳丰》，高占祥同志得知后，非常高兴地为之作序。

但就在这样一切向好的时候，徐艳丰因负担不起进口排异药物的费用而改为服用“便宜”药，导致肾脏再次出现了问题，就在 2008 年北京奥运会开幕的前夕，他带着没有能够完成《天安门城楼》模型的遗憾，住进了中国人民解放军第三〇九医院的病房。在各级政府部门的关心和支持以及亲朋好友们的合力帮助下，经过十个月的透析维持、寻找肾源，徐艳丰于 2009 年 6 月再次进行了肾移植手术，又一次从鬼门关惊险地走了一遭。就在这次手术住院期间，徐艳丰被文化部命名为“彩扎（秸秆扎刻）”项目的国家级代表性传承人。

几十年的岁月匆匆而过，仿佛只是白驹过隙，转瞬即逝。当年那个饱经苦难的农村小男孩儿，如今已成长为年近花甲的民间艺术家、国家级非物质文化遗产代表性传承人。徐艳丰就是这样一步一个脚印，无比坚定地行进在秸秆扎刻的创作之路上，用秸秆扎刻艺术诠释着生命的坚韧与执着。

徐艳丰在第二次手术后终于完成了《天安门城楼》模型的制作（2009年）

第四章

从个人创作到技艺传承

先后经历了两次肾移植手术的徐艳丰，在被评为“彩扎（秸秆扎刻）”项目的国家级代表性传承人之后，深感重任在肩。此时的他，身体是躺在家中的床上静养，而心里则是一刻不闲地在思考着一个问题，那就是秸秆扎刻技艺的传承。代表性传承人不只是一个称号，在这个称号的背后是国家赋予他的使命，更是将秸秆扎刻传承下去的责任和义务。

徐艳丰教授女儿、儿子进行秸秆扎刻的制作（2001 年）

一、当务之急

徐艳丰是不幸的，极其苦难的成长环境、一波三折的奋斗历程以及命悬一线的身体危机，五十多年的人生路，他走得是异常艰辛。但，徐艳丰更是幸运的，在历尽了何止千辛万苦之后，依然能够坚守最初的梦想并为之不遗余力地奋斗；在陷入绝望和无计可施的时候，都会有人施以援手和提供帮助。正如2003年、2009年的两次肾移植手术，在党和政府以及无数好心人的无私支援下，得以奇迹般地转危为安，徐艳丰绝对是不幸中的万幸了。

劫后余生的徐艳丰，健康状况早已不允许他继续如以往那般没日没夜地搞扎刻了，在身体得到了充分的休息时间

受邀参加中国民间绝艺大赛（2004年）

后，大脑也就有了更多思考的时间，当然想的还全都是秸秆扎刻。秸秆作为一种极为普遍的农业生产副产品，曾被人们大量使用并制成了多种产品，其中就不乏一些具有较高工艺水平和艺术价值的作品。仅以秸秆建筑模型的制作为例，徐艳丰肯定不是第一个使用高粱秆制作建筑模型的人，但前人的无论是作品还是技艺，却都没有能够流传下来，现今还依旧能够被人们所津津乐道的也只有传说而已，以点带面地扩展开来。历史上曾经出现过无数的能工巧匠，用非凡的智慧和卓越的创造力，缔造出了诸多令今人叹为观止的杰作，但他们的技艺又流传下来了多少呢？特别是在这些年的各种交流活动中，徐艳丰有幸结识了很多专家、学者以及其他非遗项目的传承人，大家针对传统技艺流失这一现实问题，无不忧心忡忡。每每想到这些，徐艳丰都会感到心头一紧，他不希望在若干年后，博物馆或美术馆里的讲解员用“这项工艺现在已经失传”一类的表述去介绍秸秆扎刻的作品……

想到这些，徐艳丰再也待不住了。虽然他并没有停下自己手中的制作，但他深切地意识到自己工作的重心，应该从秸秆扎刻作品的制作转向技艺传承的方面了，但这又谈何容易呢？

转回到四十多年前村里敬老院的菜园子，当时对蝈蝈笼子感兴趣的不只有徐艳丰一个人，很多小伙伴也都是围在高大爷的身旁，兴致勃勃地一起学做。但不久，他们中的大部分都因无法成功锁定六根秸秆而放弃，马顺、李云等为数不多掌握了锁定技术的小伙伴，也就都止步在了制作蝈蝈笼子的阶段，没有能够再继续下去。之后，除了务农外，村里的小伙伴们有的学了电工、有的学了司机、有的学了烹饪……总之就是没有其他人接着做秸秆扎刻。其实，自 20 世纪 80 年代末开始，就陆续有一些人通过媒体报道等途径知道并找到徐艳丰想要拜师学艺，其中学习时间最长的大概学了有半年、时间短的只学了一两个月甚至是几天，之后就都纷纷放弃了。成年人也好、小孩儿也罢，大家没能将秸秆扎刻进行到底的理由也非常的简单和现实，一方面这活儿干得真是既苦又累还枯燥,另一方面就是只靠做这个东西很难养活自己。比如曾经有一位自带粮油住在徐家的小伙子，对于学习秸秆扎刻的确是满怀一颗诚心，但在坚持了半年之后，也还是没能熬过每日做活的清苦和家里父母的劝阻,最终选择了离开，去了父母给安排的国有工厂上班。

虽然得益于国家对非物质文化遗产保护工作的高度重视，包括徐艳丰在内的很多非遗传承人的生活情况得到了一定改善，但相较于其他行业的高速发展，传统手工业能够为从业者带来的收益普遍还是相当有限。即便是在行业内，与玉石雕刻、金银细工等具有较高材料附加值的项目相比，秸秆扎刻这类材料极为寻常、纯靠手工技艺支撑的作品，既需要较长的制作周期，又无法实现规模化生产，作品的保值增值能力也不强，在绝大多数人看来，学这样一门手艺，实在是没有什么吸引力。

即便现实情况就是如此，但徐艳丰一直认为，老天爷两次都没有把他给“收走”，就是想要留着他去传承秸秆扎刻。

徐艳丰传授秸秆扎刻技艺（2005年）

所以，他不能让老天爷失望，必须马上行动起来，培养技艺的传承人，就是他的当务之急！

二、曾经的“徒弟”们

说到严格意义上系统地教授和传承秸秆扎刻技艺，还要回溯到1992年在廊坊市制作《圆明园四十景》模型的时候，在徐艳丰的扎刻生涯里，称得上是他“徒弟”的，就是在那年在工厂里带过的三批工人。这三批工人加起来总共有五六十人，第一批的十几个人，是厂里原先制作料器花的，后来的三四十人，是为了赶工陆续从各处招募而来。当时，为了能尽早完成《圆明园四十景》模型的庞大工程，徐艳丰带着工人们是边教边干。但工厂的负责人是不折不扣的“生意人”，心里一直盘算着他自己的“小九九”，他专门把工人们进行了分组，每组只学习秸秆扎刻制作过程中的某一个工艺步骤，比如学习刻槽的一组就只负责刻槽，其他的选材、组装、装饰等工序，刻槽组里的一般工人根本接触不到。在各组中，只有负责人安排的亲属们可以跨组进行学习和动手制作，所以徐艳丰前前后后在工厂里教了近一年的时间，能接触并学到完整工艺流程的只有工厂负责人和他的几个亲戚。但是，因为每一道工序学习的时间都很短暂，所以他们几个对各环节的了解和掌握都仅仅是一知半解，根本无法完成独立操作。而其他工人，虽然能够相对较好地掌握自己所学习的那道工序，但因对其他工序的一无所知，不仅无法完成整体制作，还时常会发生只考虑本道制作工序而无法适应和配合下一道工序的情况。

最终，在徐艳丰发现被骗而愤愤离开后，工人们很仓促、勉强、糊弄地完成了《圆明园四十景》模型的制作工作，工厂负责人随即就把他们就地进行了遣散。

多年后，徐艳丰在廊坊市某公司库房的仓储集装箱里见到了这组当年“粗制滥造”而成的《圆明园四十景》模型。模型是在几经抵债后归属于该公司的，公司负责人请来徐艳丰，希望他可以将模型进行修整，并表示愿意支付一定的费用。徐艳丰心中此时早已放下了那多年前的恩恩怨怨，想着这模型毕竟曾倾注了自己的心血，有意尝试一下，但在仔细察看过整组模型后，他婉拒了公司负责人的请求。因为这组模型的全部设计虽然是出自他自己之手，但受“徒弟”们技术、能力、经验等方面的限制，大量设计好的建筑结构根本就没有搭建成功，甚至有些部件就是简单粗暴地用棉线直接缝在了一起……此外，在装配的过程中也出现了诸多错误和很大误差，模型实际上所呈现出来的效果与设计要求相距甚远，更准确地说那只是一堆秸秆，跟扎刻几乎没有关系。除了这些在制作时就已经产生了的问题外，经过多年来的数次搬运及恶劣保存环境的摧残，模型中的很多部分都出现了非常严重的破损、发霉等问题。面对着这么大一片“烂摊子”，徐艳丰只得无奈地摇了摇头，因为这套《圆明园四十景》模型，需要的根本不是修整，而只能是重做。

比残破不堪的作品更令徐艳丰唏嘘不已的是那些曾经的“徒弟”们，即便他早已经记不清其中绝大多数人的名字，但在那段朝夕相处的时间里，为了能尽快让这些不同年龄、不同基础的工人们学会最基本的扎刻制作方法，徐艳丰可以说是挖空了心思。因为在来到工厂之前，徐艳丰的秸秆扎刻制作是长期维持着个人操作的模式，如何把自己了然于胸的技艺通过语言、动作示范并教授给其他人，对徐艳丰来说也是大姑娘上轿——头一遭。以最基本的在秸秆上开槽为例，徐艳丰只需左刻一刀、右刻一刀、再用刀尖一撬，一个槽就完成了，但手持刻刀初学刻槽的工人们，却直接化身为一台台秸秆“粉碎机”，将原材料瞬间都加工成了下脚料。开槽以外的其他工序也是如此，徐艳丰没有别的办法，只能是一遍遍地讲要领，一次次地做示范，然后手把手地教着做……

工人来了一批、两批、三批，徐艳丰就两次三番、不厌其烦地反复教，慢慢地他也总结出来了一些当师傅的经验。

新手可以先试着教什么？上手后可以跟着做什么？熟练工可以独立做什么？通过在工厂里的师带徒，徐艳丰已不仅是制作技艺方面的师傅，也在技艺传授方面成为师傅。但随着双方合作的破裂，这有实无名的所谓“师徒关系”也随即戛然而止，后续不久，这些“徒弟”们也都陆续离开了工厂继而改做他行，但徐艳丰相信，他们中的一些人应该不会忘却年轻时学下的秸秆扎刻这门手艺,或许还会在适当的时间、地点，通过各自的方式将它继续传承下去。

三、一双儿女

徐艳丰和妻子孙淑芬共育有一女一子，姐姐徐晶晶、弟弟徐健，姐弟俩不仅仅是在高粱秆堆里长大的，还更是捣鼓着高粱秆长大的！虽然在两个孩子儿时的记忆中，印象最深的都是父母因为秸秆扎刻而引发的频繁且激烈的争吵，但这却也并没有影响到她们帮着母亲种高粱、随着父亲做秸秆扎刻。

其实，引发徐艳丰夫妇争吵的缘由非常简单，只是因为在传统农村家庭中，都是男主外、女主内，田地里的苦活儿、累活儿、重活儿应该是家中的男人干，女人则是被称为“屋里的”，主要就是操持家务、照顾老人和孩子。但在徐艳丰这个四口之家，家里家外、男人女人的活儿几乎都是妻子一

全家福（1986 年）

个人来扛，徐艳丰只负责干一件事——做秸秆扎刻。在如此不合常理的分工下，妻子的怨言在所难免，二天·小吵、五天一大闹也就算是事出有因和情有可原了。

即便如此，在女儿和儿子的幼小的认知中，父亲徐艳丰的与众不同虽然令母亲有着各种各样的不满和埋怨，但父亲绝对是村里的“知名人士”，也绝对值得她们在小朋友们中炫耀和骄傲。

其一，是徐家来客人的频率远远高于村里的其他人家。而且，相比于那些亲朋间的相互走动，到徐家来的都是慕名而来拜访徐艳丰的“外人”，在这些形形色色的人中，有大官儿、大老板、老教授，还有举着摄像机、照相机的记者……特别是客人中有不少都是开着小轿车来的，能够借机会坐着小轿车在村里兜一圈，在 20 世纪 80 年代的农村里，是可以引得绝大多数小朋友羡慕的一件美事。

其二，是徐艳丰经常会出门，而且是去外省甚至外国。在那个交通相对落后的年代里，村里很多人的活动范围不会超出永清县、廊坊市，最多也就是河北省。像徐艳丰这样去过北京、上海、广州等大城市，还坐过飞机、去过外国，见过大世面的人，在村子里是仅此一位。

其三，是徐艳丰异乎寻常的“职业”。当时，随着改革开放的不断深入，农村也开始有了各种欣欣向荣的新变化，但对于村子里的大多数人来说，务农还是最主要的生产生活方式以及收入来源。而徐艳丰不仅是靠着别人家用来烧火的秫秸秆为业并成为村里的名人，更是能够在最需要的时候以此来支撑起全家的生活，尽管徐艳丰是极度地不情愿去出售自己的作品。

说到一家人的生活，从自立门户的那天开始，徐家的日子虽不至于让孩子们挨饿、受冻，但过得也一直是紧紧巴巴。日常的基本生活就是靠着妻子一个人来操持，徐艳丰则是没日没夜地做扎刻。只有在家里实在揭不开锅了的时候，徐艳丰才会和妻子一起出去做些零工来贴补家用，总之不到万不得已，谁也别想打他那些秸秆的主意。

其实，徐家现在居住的房子，就是徐艳丰在八几年那会儿拎上两个亭子去北京，换回钱才翻盖起来的。之所以要翻盖房屋，缘由也还是为了做秸秆扎刻。因为，此前徐家全家都是挤在一间屋子里居住的，而徐艳丰几乎每天都会做扎刻到深夜，常亮的灯光实在是影响家里其他人的休息，经过妻子五次三番的“据理力争”，最终才有了徐艳丰用作品换钱盖新房的事。后来还发生过很多类似需要用钱的情况，也都是徐艳丰靠卖作品解决了家里的实际困难，因此，在姐弟俩的脑海里，父亲徐艳丰做出来的这些东西可以换钱，应该是她们对于秸秆扎刻的第一印象和最直观的认知。

尽管徐艳丰每次都能拿作品换回来钱，但姐弟俩也清楚地知道，这是父亲最不愿意做的事情。虽然徐艳丰每天都在不停地做扎刻，而且做好的作品也堆了满满一个房间，但只有在被逼到别无他法的时候，徐艳丰才会勉强从中挑拣出几个，拿去换钱。这个换钱的过程说来也是十分有趣。徐艳丰本就不是做买卖的人，也不懂得如何卖东西，更没有固定的经营地点，在每次不得已必须拿出作品去卖的时候，他就会搭车去到北京的琉璃厂，然后就是手里拎着作品在街上来回溜达，因为属于“无照经营”，所以他自己也从不吆喝，只等着有人来问，看上去很有着一派“姜太公钓鱼”的意味。而且，徐艳丰对于每件作品具体卖多少钱也并无定数，只要能填补上眼前的“窟窿”，基本就可以成交了。妻子和孩子们都希望徐艳丰能多拿些作品去换钱，以便让家里的生活过得更好些，但徐艳丰始终固执地坚持着只要有其他办法就不卖作品的原则，他的理由也很单纯，就是——舍不得。

就在这般潜移默化地影响中，徐艳丰的一双儿女慢慢成长，姐弟俩也自然而然地逐渐开始接触并投入到倾注了父亲全部心血的秸秆扎刻中，虽然从小到大、从始至终徐

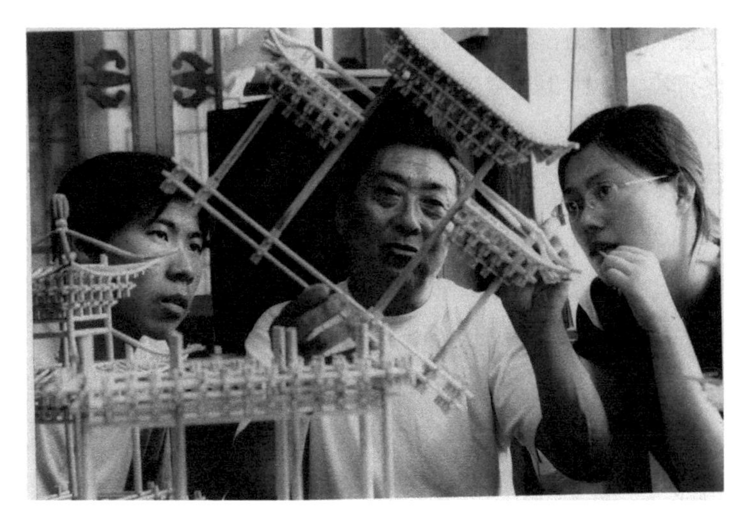

徐艳丰教授女儿、儿子进行秸秆扎刻的制作（2001年）

艳丰也从来没有对女儿或儿子说过一句：“你得跟着我做秸秆扎刻。”

女儿徐晶晶——1982年夏天，女儿徐晶晶出生的时候，徐艳丰正在几百公里外的石家庄筹备着作品去日本展览的事，等忙完一切回到家中，女儿都已经出了满月。女儿的到来让徐艳丰充满了喜悦，但却并没有改变他几十年来形成的工作习惯和状态，照旧是我行我素地做着自己的秸秆扎刻。但每晚的“长明灯”实在是让襁褓中的女儿难以安眠，于是才有了前面提到的翻盖家中房屋的“故事”。

虽然在有了相对独立的制作空间后，很大程度上减少了对妻女休息的搅扰，但徐艳丰为之通宵达旦、手不释“杆”的秸秆扎刻，留给女儿徐晶晶的第一印象却也并不是那么的美好……那是在徐晶晶大概两三岁的时候，她开心地拿着一条漂亮的小方巾在屋子里挥舞着玩耍，不小心挂到了父亲正在制作中的阁楼模型，正专心于制作的父亲下意识地就给了她身上一巴掌。“哇”的一声，徐晶晶哭了，妻子急忙跑过来抱起了女儿，这时的徐艳丰也才回过神来，赶紧一起安慰女儿。这是女儿徐晶晶唯一挨过父亲的一巴掌，而且恰恰就是因为秸秆扎刻挨的这一巴掌。

不过，徐晶晶从来没有因为这件事记恨过父亲，也更不会因此而讨厌秸秆扎刻，毕竟在她儿时的记忆里，秸秆扎刻给她带来更多的是甜蜜和快乐。最直接感受来自味蕾，父亲每次出门基本都会给徐晶晶带回来一些没有吃过的好吃的，特别是各种糖果，在享受过糖果的美味之后，还可以把一张张糖纸小心翼翼地清理干净并收藏起来；再有就是各式漂亮的发卡、头绳、手帕等，在那个物质生活相对匮乏的年代里，这些稀罕物件总会招来其他小朋友极度羡慕的目光。

从大概五六岁起，徐晶晶就开始给做秸秆扎刻的父亲打下手了，不为别的，主要就是觉得好玩儿，因为那会儿也确实没有什么其他的可玩儿。虽然当时父亲还不允许她动刀刻槽什么的，但是她可以帮着挑拣备用的秸秆，也可以将刻好的秸秆计数和整理好。到了上学的年龄，特别是在学习了乘法之后，让徐晶晶实现了对于父亲的一次“超越”，因为在计算秸秆使用量时，父亲只会一个、一个或一组、一组地往一起加，比如一座三层的六角建筑、每层的每一个面都有两扇窗子，当父亲还在一个窗子、一个窗子摆堆儿的时候，徐晶晶早就已经用乘法算出来需要的总数了。

渐渐地，女孩子与生俱来的耐心细致以及对精细动作的把控能力慢慢显现了出来，徐晶晶在打下手的同时，也开始帮助父亲完成一些建筑细节装饰部分的制作，如窗棂、山花等。当被问及总做这些细细碎碎的部件会不会感到无聊时，徐晶晶的回答是：“没有啊！弄这个多好玩儿啊！”就在这样边做边玩儿了几年后，徐晶晶打算模仿父亲的样子，独立去制作一件完整的作品。

《知春亭》模型是徐晶晶自己完成的第一件作品。知春亭坐落于颐和园昆明湖东岸，形制为重檐四角攒尖顶，在秸秆扎刻的制作中，这种类型建筑的构造最为基础，父亲也是建议她先从这个最简单的做起。但正如孔夫子所说：“言知之易，行之难。”虽然是从小一直看着、跟着父亲做，基本原理和操作手法都已经能够做到心中有数，但当真正动起手

《知春亭》

作者：徐晶晶

来的时候，问题就一个接着一个地出现了……此时的徐晶晶也才真正地感受到了做秸秆扎刻的苦和难！

首先是误差的控制。在做小部件的时候微小的误差确实可以忽略不计，但当数个、数十个微小的误差相叠加，造成的问题就肉眼可见了。最明显的问题，就是做出来的亭子总是歪的，因为四根立柱在与下面的底座、上面的斗栱和屋顶进行整体连接后，总是无法达到高矮一致，不是这个角高、就是那个角低，亭子模型总是搭得歪歪扭扭。

其次就是整体的比例。中国传统建筑的比例非常严格和精妙，著名建筑学家梁思成先生在以五台山佛光寺大殿、独乐寺观音阁、应县木塔等建筑与《营造法式》进行对照研究后，发现了这个与西方的黄金分割率高度一致的“营造密码”。但由于视角的问题，在构建模型的时候，就需要将这个“密码”稍作调整，不然看起来就会觉得有些“不顺眼”。

再有就是结构的紧固程度。父亲做出来的模型，给人的感觉是拿起来很扎实，就是一个整体；而自己做的则总是有些松散，稍微施加一点儿外力，就会叫人有一种随时可能“分崩离析”的触感。

为了克服这些问题，徐晶晶是以父亲做的《知春亭》为范本，逐个部件地进行精确测量，同时从每一个刻槽、每一段秸秆入手，严格控制误差，每做好一个亭子，就拿着去找父亲给指点。然而，父亲的眼睛还是相当“毒辣”，总是能发现存在缺陷或不足的部分，然后就是用手指点一下那个地方。徐晶晶也是遗传了父亲倔强的性格，一个不成就再做一个、两个、三个……在如此的反反复复中，她用了将近两年的时间先后做了三十多个《知春亭》模型，终于做到了让父亲指无可指的程度。

又经过了一段时间的实践，徐晶晶掌握了大多数古建筑模型的制作技法，同时她也是马上就要中专毕业的大姑娘了，将要面临的职业选择会直接决定她未来人生的走向。此时，江西省群众艺术馆相中了有“艺”在身的徐晶晶，决定破格录用只有中专学历的她。能够捧起这样一只“铁饭碗”，对于徐晶晶来说，简直是想都不敢想的好事，自然是欣然接受，于是在毕业时，她的户口就直接转去了江西，只等着人过去报到上班。

可恰恰正在这个节骨眼儿上，父亲病倒了，徐晶晶只能先跟单位商量推迟一下去报到的时间，但当时她自己也没有想到，这一推竟就推了个后会无期。母亲陪着病重的父亲四处求医、筹钱看病，家里边还有正在上中学的弟弟、年迈的奶奶……这时的徐晶晶怎么可能抛下家庭和亲人们独自前往“遥远”的江西呢？尤其是在协和医院的老专家给出了父亲的“最后时限”之后，徐晶晶毅然决然地放下了已经捧在手中的“铁饭碗”，在她的心中只有一个念头，就是“工作可以再找，但父亲只有一个！”这期间，给父亲看病也就成了全家人唯一的“任务”。

直到半年多之后，父亲做完了第一次肾移植手术，暂时转危为安回到家中休养，当一切恢复了平静，“待业青年”徐晶晶才回过神来考虑着自己的下一步究竟是何去何从。其

徐晶晶工作照

实，虽然曾经想过，但直到此时徐晶晶也还没有完全下定接父亲的班、做秸秆扎刻的决心。一次，郭子昇、白大成还有其他几位老师一起到家中看望徐艳丰，闲聊时问及徐晶晶今后的打算，看她有些无所适从，就劝她说：“孩子，你就别犹豫啦！守着你父亲这么一块‘宝’，你还去外面找什么其他的工作啊？你父亲现在身体恢复得也不错，你就好好地跟着他学，就算你以后不干这个，你全都学会了，也是艺多不压身啊！再说了，有这么多人帮衬着你们家呢，往后肯定没问题！”听完专家老师们的一番话，年轻的徐晶晶真切地意识到了自己所肩负的传承责任，也终于打定了主意，以后就做秸秆扎刻了！

在徐晶晶正式踏上秸秆扎刻之路后，父亲此前的每一件作品就成为了她进阶之路上的一个个“关卡”。按照从简单到复杂的次序，徐晶晶就像当时做《知春亭》模型时那样，比照着父亲的原作，一根一根地测量、一遍一遍地学做，父亲则是在她做好后一处一处地“指”，当做到没有可“指”的地方后，再进入“下一关”。徐晶晶的作品在父亲的严格要求下，做得是一件比一件更像样，而且那些在父亲眼中有“毛病”的作品，在其他人看来其实也已经是非常完美。当时，还没有“非物质文化遗产”的概念，但徐家的秸秆扎刻也已经是名声在外的地方特色工艺品，时常会有人登门或者来电话订购，徐晶晶的这些“习作”不仅是一件都没有浪费，有时竟然还会出现供不应求的情况。比如《知春亭》模型，就曾经有人一口气要订五十个，若不是有着此前反复制作锤炼而成的根基，徐晶晶还真不敢接下这样的大订单。

经过一段时间的休养，父亲的身体状况也好转了不少，开始设计一些大型作品，除了主体结构亲自动手外，更多的制作部分就逐渐交给了儿女们。徐晶晶更是发挥自己的特长，设计并组装出了样式众多的窗花等建筑装饰和点缀。

相对于此前的那些练习作品和订单作品而言，徐晶晶最满意的一件作品是自己耗时将近一年、用一万多节秸秆搭建出来的《故宫角楼》模型，虽然这也是按照父亲的作品仿制而成，但她将细节处理得尤为精致，作品完成后的效果更加完美。县城里的一位私营企业家来到徐家选作品的时候，一眼就相中了这座《故宫角楼》模型，当心爱之作即将归属于他人的时候，徐晶晶在那一瞬间就懂得了父亲是为什么那么不愿意去用作品换钱，真的是心有不舍啊！但此时家中的实际情况是，仅仅父亲的药费，每个月就需要近万元，再不舍得也得卖啊！

徐晶晶在父亲的“指”点下，就这样由小到大地也可以独立完成大型建筑模型的制作了，比如通体高度1.2米的《滕王阁》模型等。在此过程中，父亲虽然没有说过任何一件作品做得好，但是“指”的次数是越来越少了，而且弟弟徐健在高中毕业后，也放弃了继续深造的机会，与姐姐一块儿专心跟着父亲做起了秸秆扎刻。

儿子徐健——出生于1985年初。受父亲、姐姐的影响，也是自小就跟着一起做高粱秆玩儿。如果说姐姐的玩儿，是可以在一定程度上给父亲一些帮助的话，那徐健的玩儿则是更加纯粹的玩儿。在读小学一二年级的时候，徐健就已经可以采用秸秆扎刻的技法熟练制作各式蝈蝈笼子了，做这些的目的也非常的单纯，就是为了在同学中“显摆”一下。当时农村的田地里，蝈蝈是非常常见的一种昆虫，也是男孩子们“抓捕”的主要对象之一，做得一手好看蝈蝈笼子的徐健非常受同学们的追捧，目的就是都想要一个他做的蝈蝈笼子。那时的孩子们也不明白什么是秸秆扎刻，索性都认为徐家就是做蝈蝈笼子的。

一次，学校开展艺术节活动，同学们纷纷交出了各自的作品，有画画的、有折纸的、有编织的……徐健的作品必然是最拿手的蝈蝈笼子。这件制作成熟度明显超出同龄人水平的作品，获得了学校老师以及县里来参加活动领导的一致赞

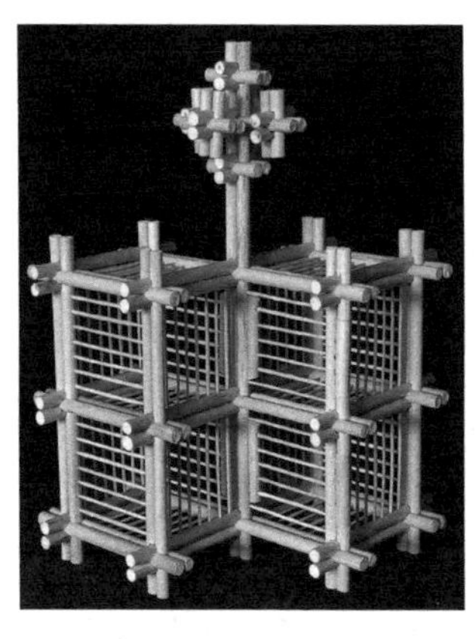

徐健制作的秸秆蝈蝈笼子

扬，虽然那次艺术节没有安排作品评奖的环节，但在徐健心中，这无疑就是“金奖作品”。之后，伴随着一个个造型新颖、结构错落的蝈蝈笼子的诞生，徐健的扎刻技艺也是更加熟练，特别是对于各种结构的安排和组合，时常会超乎父亲的意料。

徐健的点滴进步父亲也是看在眼里，但蝈蝈笼子做得再好，毕竟也只能算是个小孩儿玩意儿。于是，在徐健上初中之后，每逢寒暑假期父亲就开始通过布置“工作”的方式，引导他进入“正轨”。特别是暑假，父亲喜欢去村里的阴凉处，跟其他人一边闲聊着天儿一边做手里的活儿，在每次出门前他就会拿给徐健一小捆秸秆并规定好需要的尺寸和形制，由徐健来进行刻槽一类的前期加工。对于父亲安排的加工任务，徐健表面上显现出的是很为难，但实际早已是信手拈来，他可以在很短的时间内就完成父亲所布置的工作量,然后给自己留出更多玩儿的时间。不过，小伎俩很快被中途突然回家的父亲发现了，就此开始，父亲每天给徐健搬来的秸秆捆是越来越粗。

就这样从初中到高中,正在徐健憧憬着美好未来的时候，父亲抱恙，全家人都在为给父亲治病而忙前跑后。虽然已经是十六七岁的大小伙子，但徐健除了不给家里添乱，实在也帮不上什么其他的忙，而且此时的他还面临着一项能够决定人生命运的艰巨任务——高考。

在父亲成功完成肾移植手术后的第二年，徐健参加高考并顺利被南昌大学江西医学院录取，手里握着大学的录取通知书、眼里看着家中举步维艰的情况，徐健默默地低下头陷入了沉思……“我不去了！”在反复权衡和深思熟虑之后，徐健艰难地做出了这个令所有人愕然、但也能理解其心思的决定。毕竟父亲持续需要的高额医药费还见不到个着落，学医的时间又比其他专业更长，自己还是家中唯一的男孩儿，种种原因相叠加，徐健其实是别无选择，尽管他报考医学院的初衷也是要当大夫然后治好父亲的病。

哪儿也不去了，徐健就踏踏实实在家跟着父亲、姐姐一起做秸秆扎刻。同样是从最容易的入手、慢慢增加难度，徐

《双子亭》

作者：徐健

健也像姐姐一样由最基础的《知春亭》模型开始，在父亲的“指”点下，踏上了独立制作之路。这时男孩子和女孩子的异同就显现了出来，相对于姐姐在装饰处理及细节把控方面的灵性，徐健的天赋是整体结构的设计和把控，而且得益于此前父亲不断增加工作量的磨炼和打下的基础，徐健的制作速度和作品质量都开始呈现出显著提升。

在徐健将全身心投入到扎刻制作中后，徐家的秸秆扎刻制作也形成了大致的分工，由父亲负责作品的整体设计及重点结构的制作，姐姐按照各部分实际情况完成所需的细部装饰，徐健承担大结构的搭建及组装工作。当时，县里面也比较了解徐家的困难情况，为此在做当地特色产品推介的时候，常将秸秆扎刻进行重点宣传，于是作品的订单纷至沓来。徐健的加入正好缓解了“产能不足”的问题，一家三口齐上阵，母亲也时常会帮一些忙，徐家就这样扛过了那段最艰难的日子。在三人共同完成家中所接到的作品订单的基础上，徐健也在不断地进行个人创作，2008年前后，他的技艺日趋成熟，各类中小型作品的制作也已是得心应手，于是徐健将制作的目标转向了大体量的建筑模型。

《黄鹤楼》模型是父亲此前曾在国内外多次获奖并被中国美术馆、北京民俗博物馆收藏的经典作品，徐健就将其作为模板，开启了自己的独立完成大型作品之路。也许是遗传基因的与生俱来，也许是从小到大的耳闻目睹，也许是二者兼而有之，徐健在模型整体空间构筑方面的优势，在制作大型作品的过程中，被淋漓尽致地展现了出来。历时近三年，经过了数次拆建和修改后，徐健的第一座《黄鹤楼》模型终于制作完成，作品使用的秸秆总量超过三十万节，整体高度也达到了1.4米，为方便运输和储存，可将其拆分为三段。

《黄鹤楼》模型至今仍是徐健最引以为傲的作品，在之后的几年里，他又陆续制作了两件《黄鹤楼》，现今，三件《黄鹤楼》是各有归宿。

第一件，由于是试制，所以从各方面来讲徐健都觉得不是很完美，就先摆放在了家中。一次，当地一家房地产公司的老板到徐家一眼就看中了这座《黄鹤楼》模型，问徐健价格，想要买走。徐健赶忙说这只是做着玩儿的“样品”，达不到出售的水平，要是喜欢您就搬走就是了。那位老板跟徐家比较熟识，也自然知道家里的实际情况，就提出让公司的施工队来把徐家住的这院子、房子给翻新一下，或者徐家也可以直接去县城他的楼盘里挑一套三居室。徐健知道人家是有意帮助，再三谢过后，他也没敢“笑纳”老板的好意，但是这让他更加坚定了自己当初的选择，也笃定了将扎刻继续下去的决心。

第二件，是在充分总结第一件经验的基础上制作而得，所呈现出的整体效果，徐健自己是相当的满意，虽然对作品严苛至极的父亲还是进行了一二指点，但那些都已属于“精益求精”的范畴了。这座《黄鹤楼》模型很快也获得了买家的青睐，徐健用交易所得给家里购置了一辆汽车，从此再送父亲去北京的医院检查、看病或者携带作品外出参加交流活动等，就不用四处找人搭车、借车了。眼看着通过自己的双手让家里日子过得越来越好，徐健在作品的设计和制作上是愈发地精雕细琢。

第三件，模型的整体体量略有缩小，高度为 1.2 米，但结构更加严谨、装饰尤为精巧，徐健更是将其视若至宝，专门定制了亚克力的罩子和木匣以便展示和存放。此后，曾多次有人出高价想要买走它，但徐健一直没有同意，一是家中的生活条件经过多年的努力已经有所改善，不必再完全依靠制作和出售作品；二是大型作品的制作周期动辄就是两三年，耗费的时间、精力巨大；三是在徐健的规划中，打算建立一个秸秆扎刻的展示馆，需要大量的展品储备。目前，徐健制作的第三件《黄鹤楼》模型，正与其他几件作品一起被借去了石家庄的河北博物院展出。

徐健工作照

徐健的秸秆扎刻设计和制作，得益于现代交通的日益便捷及互联网的逐渐普及，相较于父亲当年只能对照着建筑的照片进行设计，徐健有了更多的机会去实地察看古建筑的原貌，可以获取到的建筑资料也更加全面和准确，不仅可以非常方便地查看到建筑各个立面和不同角度的照片、视频，还能查询到详细的面阔、进深、高度等数据，这让设计工作进行起来更加游刃有余，也让模型的还原程度更高。但让徐健感到不解的是，那些严格按照建筑原始数据和比例设计并制作出来的模型，却总被父亲说："看着不舒服"。明明就是按照建筑本身的结构参数同比例缩小制作而成的模型，却被一个连比例都不懂的"老头儿"说不好，父亲的这句评价让徐健很有些不服气。关键再问父亲的时候，他也说不出具体是什么原因，反正还是之前的那句"看着不舒服"。无奈之下，徐健只得先把这"不舒服"的模型放到了柜子上层收好，想着之后再慢慢琢磨。几天后，坐在柜子前仰头望向这个模型的徐健，如开窍般突然间悟出了"不舒服"的缘由。原来，人们正常看建筑物，基本上都是抬头仰视的视角，但模型比真实建筑小得多,人们看它的视角一般就会是俯视或者平视，正是由于这个视角的变换,让等比例缩小而成的模型变得"不舒服"了。悟出了这个奥秘后，再进行建筑模型设计时，徐健一方面会比照原建筑的数据和比例，另一方面也会根据视角的变换，将各部分比例进行细微调整，这样制作出来的模型，果真就"舒服"多了。

反复地思考和不断地磨炼，让徐健的技艺循次而进，作

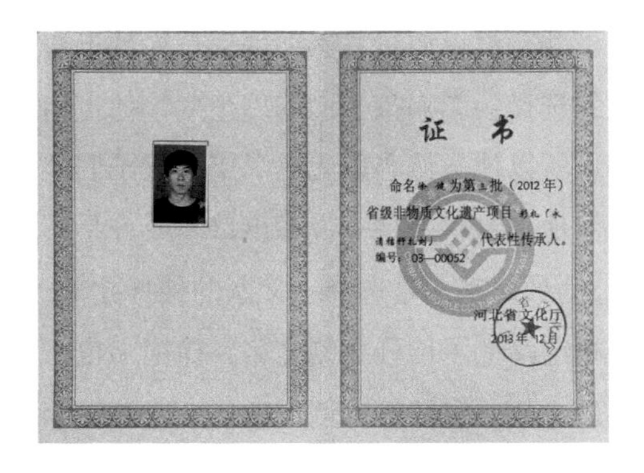
证　书

命名徐健为第三批（2012年）省级非物质文化遗产项目彩扎（永清秸秆扎刻）代表性传承人。

编号：03—00052

河北省文化厅

2013年12月

徐健第三批省级非物质文化遗产项目“彩扎（永清秸秆扎刻）”代表性传承人证书

品也呈现出更加写实的个人风格，不仅得到了父亲的认可，也获得了业内专家、学者们的一致认同。2012年，徐健被河北省文化厅命名为第三批省级非物质文化遗产项目“彩扎（永清秸秆扎刻）”代表性传承人。

四、角色的转变

其实，在选择让两个孩子以秸秆扎刻为业这件事情上，徐艳丰也是经历了很长一段时间的左右为难，甚至更可以说是患得患失。回想自己几十年的秸秆扎刻做下来，且不说其中经了多少苦、受了多少罪，结果到头来连看病吃药的钱都没有，徐艳丰着实不忍心让孩子们放弃面前的阳关大道，转而走上秸秆扎刻这座“独木桥”。但，也正是因为做手艺的这般清苦，如果连自己的孩子都不学，又还能有谁来学呢？对此，妻子的态度也是相当明确，女儿去江西的事儿还可以再考虑，毕竟一个女孩子只身远离家乡，当妈的确实放心不下；但儿子上大学的事儿，没得商量，必须得去！徐艳丰心里自是清楚这关键性的选择会影响孩子们的后半生，他也怕会因此对不起孩子们，所以他虽然心里无比渴望着孩子们能够继承下这门手艺，但他却是一个字也说不出口。或许是冥冥之中自有定数,姐弟俩最终都还是选择了父亲的秸秆扎刻。

自从女儿和儿子相继踏上了秸秆扎刻之路，徐艳丰也在悄然改变着自己的角色，从一名纯粹的创作者逐渐向着传承人的方向转换。特别是在第一次肾移植手术康复之后，徐艳丰虽然并没有放下手中的工具，但相较于此前全身心地专注于个人创作，他开始有意识地将精力转移到对两个孩子的培养方面。尽管十几年来，孩子们一直是看着、跟着徐艳丰做扎刻长大的，也能够制作一些简单的作品，但她们在整体设计和制作能力等各方面都还有明显的差距。而且，徐艳丰深知学手艺没有捷径的道理，尤其是秸秆扎刻的工艺几乎都是纯手工操作，很多时候都只能靠着熟能生巧的肌肉记忆。因此，徐艳丰从设计、选料、开槽、组装每个工序开始，按照由简到繁、从易到难，循序渐进地给孩子们布置学习任务，而“验收”的标准和要求则是愈加严苛，通过反反复复地练习，持续磨炼和压实孩子们的基本功。孩子们的每一点进步，徐艳丰是看在眼里、喜在心头，特别是在秸秆扎刻项目成功入选国家级非物质文化遗产名录后，各类文化交流、展览展示、媒体采访等活动纷至沓来，徐艳丰也是非常欣喜地把机会更多地留给孩子们，自己则是有意识地慢慢“退居幕后”。

在徐艳丰的言传身教下，孩子们也是在日积月累中不负众望，徐晶晶将女孩子独特的细腻和柔美融入创作之中，《牌楼》《八角亭》等作品精雕细刻、独具韵味；徐健从中国古代建筑的基础结构解析入手，孜孜不倦地深思苦索，《辽代白塔》《故宫角楼》等作品造型美观并极具艺术感染力。2007年，姐弟二人第一次代父亲前去参加在浙江省东阳市举办的“中国木雕精品大奖赛”，在一众木雕艺术作品中颇显另类的秸秆扎刻吸引了社会各界，特别是中国香港媒体的高度关注，初出茅庐的姐弟俩既坚定了当初的选择，也笃定了将秸秆扎刻作为事业进行下去的勇气和决心。2008年，作为迎奥运的重点活动之一——“中国农民艺术展”在北京全国农业展览馆隆重开幕，徐艳丰虽然最终也没能完成切切于心的《天安门城楼》模型，只得满怀遗憾地由儿女将《飞云楼》模型送展，但仍荣获“精品奖”并被收录于《中国农民艺术珍品画册》。

2009年2月，徐艳丰在北京住院、等待进行第二次肾移植手术期间，秸秆扎刻作为民间手工艺的代表项目之一，受邀参加了在北京举办的“中国非物质文化遗产传统技艺大展”系列活动。徐晶晶和徐健在轮换照料父亲之余，也携父亲及各自作品再次来到了全国农业展览馆。大展期间，党和国家领导人以及各部委、省（自治区、直辖市）的负责同志，都莅临现场参观指导并分别与姐弟俩亲切交流。中央领导在秸秆扎刻的展台前对徐晶晶说：“你们的技艺太神奇了，简直就是变废为宝，希望你们再接再厉，把这门艺术发扬光大。”最终，秸秆扎刻在本次大展中荣获“突出贡献奖”。同年3月，秸秆扎刻作品《故宫角楼》入选了由文化部港澳台文化事务司、香港特别行政区康乐及文化事务署主办，文化部民族民间文艺发展中心承办的“中国非物质文化遗产展”。姐弟俩代替父亲赴香港参展并参与文化交流，得到了各部门及社会各界的一致好评。

目睹着姐弟俩日趋成熟并逐渐挑起了秸秆扎刻的“大梁”，徐艳丰在第二次肾移植手术后，在安心地养病的基础上，也向幕后又退居了一步。在技艺传承方面，徐艳丰几乎完全将需要动手操作的活儿交给了孩子们，自己只负责复杂作品的设计及指导工作；在社会活动方面，更是因身体原因尽量深居简出，将儿女推向“台前”。虽说徐艳丰是放慢了制作的双手和四处奔波的双脚，但他无论如何也割舍不下自己为之奋斗了近五十年的秸秆扎刻，手脚闲下来的好处就是留给动脑子、想事情的时间更多了。作为拥有近二十年资历的老政协委员，徐艳丰多年来一直在通过各种渠道和方式为永清县、廊坊市的文化工作贡献力量。在历届政协会议中，他提出了多条关于非物质文化遗产传承和保护的议案并得到了各级政府、各职能部门的重视，使得包括秸秆扎刻在内的十余个永清县的非遗项目得到了有效保护和长足发展。

2010 年，徐健携作品参加由河北省人民政府组织开展的“河北文化宝岛行”活动，秸秆扎刻首次跨越海峡，在台北、高雄、桃园、彰化、花莲等市县进行巡展。我国台湾地区一直都有着高粱的种植，当地最有名的白酒也都是高粱酒，而用高粱秸秆制作而成的工艺品，却依旧引来了当地民众的极大好奇和兴趣，特别是徐健的现场技艺展示，极大地改变了他们对于高粱秆的认知。

2011年初，徐晶晶和徐健赴澳门参加由澳门民政总署、文化部民族民间文艺发展中心主办，安徽省文化厅、河北省文化厅共同承办的“浓墨艳彩展风华——安徽省、河北省春节习俗展”。这是继2007年后，秸秆扎刻第二次来到澳门，或许是四年前徐艳丰之行给大家留下的印象格外深刻，此次姐弟俩在澳门文化及工美行业博得了更多的喝彩。

同年5月，徐晶晶陪同从第二次手术后逐渐康复的徐艳丰参加了由文化部、商务部、广电总局、新闻出版总署、贸促会等多单位共同举办的国家级文化产业博览交易盛会——中国（深圳）国际文化产业博览交易会。其间，文化部、中

赴澳门文化交流活动（2007年）

国工艺美术学会邀请与会的十六名工艺美术大师，召开专题座谈会，共同讨论非物质文化遗产的传承和发展问题。会上，徐艳丰将一双儿女的成长情况和所取得的一点成绩进行了分享，并拜托各位大师多多鞭策和提携。

在此次中国（深圳）国际文化产业博览交易会上，秸秆扎刻还与有着“天下第一村”美誉的华西村结了缘。那天，一对衣着朴实、干净整洁的中年男女在各个展位前走走停停并不时轻声交流，当走到秸秆扎刻的展位前，他们停下了脚步。其中的男同志好奇地端详面前的作品，认真地问道：“老师，请问您这是什么做的啊？”然后就顺其自然地围绕着作品和徐艳丰攀谈了起来。在问过作品的价格后，男同志打趣着说道：“虽然我买不起，但是我还是想跟您交个朋友。”手里同时递过来一张名片，徐艳丰把名片交给了一旁的徐晶晶，女儿看后赶忙跟那位男同志打招呼：“吴书记，您好！”转过头来，又赶忙给徐艳丰介绍说：“爸，这位是华西村的吴协东书记。”这时吴书记也笑着对徐艳丰说：“您这些作品做得是真好！我还想去您家那边看看更多其他的作品，您看可以吗？”徐艳丰连连点头，并让女儿把家里的地址和联系方式都留给了吴书记。

从深圳回到家后没几天，吴书记的秘书联系徐艳丰，说吴书记一行现在就在北京南苑附近华西村投资建设的一个酒店，离永清不远，想要个行车路线，来家里看看。想着家里破破烂烂的样子，实在有些寒酸，徐晶晶专门租了车载着父亲去北京和吴书记再次见了面。“这次专程来拜访您，是因为我们华西村准备在今年十月举办‘建村五十周年庆典’，特别希望您能给我们村里的博物馆制作一件秸秆扎刻的作品。华西金塔和龙希国际大酒店都是能够代表华西村的标志性建筑，您看看，做哪个都可以，但是就是一定要赶在10月份之前完工。”吴书记直截了当地说明了来意。徐艳丰通过照片仔细研究了一下两座建筑，选择了制作更具传统特色，也更适于用秸秆扎刻来表现的华西金塔，双方的合作意向就这样愉快地达成了。吴书记招呼徐艳丰父女二人一起去用餐，餐桌上还安排了以味道鲜美而著称的海鲜，当得知徐艳丰因做过肾移植手术不能吃海鱼后，吴书记抱歉地说：“实在不好意思，真是不知道您的这个情况，下次，下次我给您准备淡水鱼。”

回到家中，徐艳丰立刻与女儿、儿子一起，依照着华西金塔的资料，紧张地开始着手《华西金塔》模型的设计和制作工作。在徐艳丰的设计和指导下，经过女儿和儿子四个多月的争分夺秒，模型终于按时制作完成了，吴书记派专人为徐艳丰和女儿订好了飞机票，也将作品的包装和托运手续一并安排妥当。2011年10月8日，华西村“建村五十周年庆典”如期举行，由秸秆扎刻制作而成的《华西金塔》模型，赢得了到场嘉宾的一致好评。在庆典宴会上，吴书记特地为徐艳丰准备了从白洋淀空运而来的鲫鱼，让徐艳丰在目睹了“天下第一村”的魅力后，也感受到了这里浓浓的人情味。一年之后的2012年11月28日，华西村博物馆正式建成开馆，徐艳丰一家四口受邀再次来到华西村，参加落成典礼，典礼

《华西金塔》

上徐艳丰将自己制作的另一件《明代阁楼》模型，捐赠给了博物馆。

2013 年 10 月，徐艳丰的家中迎来了几位河北科技大学建筑工程学院的老师和学生，他们是在看到了中央电视台播出的秸秆扎刻的纪录片后，专程前来拜访并邀请徐艳丰去学院授课。徐艳丰在得知他们的来意后，颇有些摸不着头脑，他尴尬地笑着说道：“你们是跟我开玩笑呢吧？我就是一个没上过一天学、连字都识不得几个的老农民，让我去给大学生讲课？你们快别逗我玩儿啦！”然而，仅仅几天后，徐艳丰认为的这个玩笑竟成了真。在河北科技大学建筑工程学院的学术报告厅里，国家级非物质文化遗产“秸秆扎刻”进校园活动的启动仪式隆重举行，徐艳丰携徐晶晶、徐健不仅走进了大学的讲堂，更是受聘成为河北科技大学建筑工程学院“国家级非遗项目秸秆扎刻进校园”导师。秸秆扎刻的学习内容也被纳入河北科技大学建筑工程学院《房屋建筑学》课程中，学院还成立了“秸秆扎刻”非物质文化遗产保护社团，以期长久有效地对扎刻技艺进行学习、保护和宣传。在三位“徐导师”的指导下，一部分学生初步掌握了秸秆扎刻的基本技巧，同学们三五人一组，利用四个多月的课余时间，完成了《牧星湖曲直桥》《三屋居》《小桥流水》《萃英阁》等九组作品，涵盖了桥梁、庭院、楼宇、亭子、牌坊、塔等多种建筑形式，学院还为这些作品举办了专题展览。此后，徐艳丰陆续应邀走进了河北大学、河北工业职业技术大学等高校的讲堂，将秸秆扎刻艺术从田野带进校园，让更多的青年学子成为秸秆扎刻传承队伍中的一员。河北科技大学更是以此合作为基础，连续多年举办“秸秆扎刻创意作品大赛”，由大学生们所创作出的作品，将传统工艺与新的表现形式相结合，让徐艳丰看到了秸秆扎刻在新时代里的新发展。

其实，因为秸秆扎刻而进行了心理和角色转变的还有徐艳丰的妻子孙淑芬。老两口是经人介绍而相识，那年徐艳丰29岁、孙淑芬28岁，都早已是村里标准的大龄青年。孙家是因为家庭条件好，怕姑娘嫁到别家受委屈，所以挑来拣去给姑娘拖到了28岁；但徐家则是家里实在太穷，一直娶不到媳妇儿。因此，在第一次见面后，孙淑芬一家对徐艳丰都不是很中意，可由于年龄原因，想要再找个岁数相仿的也确实

河北科技大学国家级非物质文化遗产“秸秆扎刻”进校园活动的启动仪式（2013年）

很困难，最终还是凑合着结了婚。徐艳丰捣鼓高粱秆做扎刻的事儿，是孙淑芬有了女儿徐晶晶之后才知道的，后来再一打听，才听说了徐艳丰此前做秸秆扎刻的种种“事迹”。眼见秘密已经“败露”，徐艳丰也就干脆不再掩饰，除了早晚下地干点儿活儿，其余大部分时间就盘腿在炕上一坐，大模大样地做起了秸秆扎刻。后来，徐艳丰的扎刻慢慢做出了些名堂，在家里的时间也越来越少，索性就根本不去田地里了，田地里的活儿、家里的活儿就统统落在了孙淑芬一人的肩上。为此，孙淑芬和徐艳丰吵过的架可以说是不计其数，直到徐艳丰身体出了问题后，最终还是因为做的这个秸秆扎刻而起死回生，孙淑芬才算是认了命。自那时起，孙淑芬才开始真心地支持徐艳丰，帮着他种高粱、除草、收割、晒料、选料、分类……特别是在儿女逐渐挑起秸秆扎刻的大梁后，徐艳丰基本就是背着手到高粱地里转转，给孩子们挑挑毛病指点一下，但孙淑芬还是那受累的命，要照顾着一家子的吃喝。现在的孙淑芬想法非常的简单，就是盼着徐艳丰把身体养好、孩子们把技艺传承好，自己只要干得动，就把他们伺候好。

妻子孙淑芬在帮着整理秸秆

十年间，徐艳丰成功实现了从一位身怀绝技的手工艺人向一名言传身教的非遗传承人的华丽转身。他不仅将一双儿女培育并磨砺成为秸秆扎刻传承的中坚力量，更是将这门技艺毫无保留地传授给了更多的人，为秸秆扎刻的延绵不绝与生生不息提供了最强有力的支撑，他用自己的实际行动诠释着对传统文化的热爱与执着。

第五章

从赓续传统到创新发展

近年来，弘扬中华优秀传统文化的社会氛围日渐浓厚，非物质文化遗产作为中华文化的瑰宝，正逐渐融入人们的日常生活，焕发着新的活力，绽放出新的光彩。秸秆扎刻也在探索和实践着从保护传承到创新发展的进阶之路，如何实现传统技艺的创造性转化和创新性发展也成了其传承人们关注和努力的新方向。

徐健的作品《龙船》

一、秸秆扎刻的再创造

非物质文化遗产的一大特质，就是在世代相传的过程中、在同周围环境的相适应中、在与历史和自然地互动中，不断地进行再创造，所以非遗的传承是活态的，是流变的，是因时、因地、因人而异的。在我国的非遗保护工作开展之初，“抢救性保护”虽然在短期内取得了一定效果，但很快，越来越多的人发现了这种保护方式的弊端，就是将非物质文化遗产保护进了博物馆，失去了本应富有的“活力”。虽然至今依旧有观点认为非物质文化遗产要保持“原汁原味”，但这里所说的“原汁原味”其含义也绝对不是因循守旧、一成不变。越来越多的人开始意识到，要通过对非物质文化遗产的再创造，使其持续地融合时代气息、走进日常生活，让更多的人感受其魅力、认可其价值，非物质文化遗产才能够更好地传承和发展。徐艳丰五十余年来的创作历程，所展现出的就是一种在继承中持续探索的状态，他将赓续传统、研习古法的“不变”和守正创新、独树一帜的“求变”，都融入了秸秆扎刻再创造的进程中。

秸秆扎刻作为一项历史悠久、源远流长的民间手艺，在很长的一段历史时期里，大多是以农业生产副产品加工制成生活器具的面貌示人，极少数用于赏玩的小物件，皆出于自发创作，因个体技术及艺术水平的差异，使其长期停滞在了较为随意、粗犷的发展状态。徐艳丰在继承和总结前人技法和经验的基础上，将自田野而生的秸秆扎刻技艺进行了规范

徐艳丰工作照（2018 年）

化的整合、艺术化的加工和多元化的呈现，不仅实现了这项传统手工技艺的整体提升，更是突破性地将其从田间地头带入了艺术的殿堂。

其实，在“变”与“不变”这件事儿上，徐艳丰也一直有自己的思考、不同的尝试和观念的转变。

第一，是原材料的选择。自秸秆扎刻诞生之初，使用细高粱秆制作而成的秸秆扎刻，就被认为是人们对于废弃材料的充分利用，故而在制作时也只能是因材施艺，所以制品在工艺、形态、规格等方面都存在千差万别。此外，既然是“废物利用”，原材料的质量和状态本就不可能有多好，加之人们自然也不会以多么珍惜的态度去对待，由此直接导致了秸秆扎刻制品质量参差不齐、难以长期保存的结果。为了解决上述问题，徐艳丰选择了主动求变，将最初靠天吃饭的就地取材、从中选优，变为了人工干预条件下的定向培育，从材料源头保证了作品的质量，经中国美术馆的专家们评判，这些作品在保存得当的前提下，寿命可以超过500年。近年来，随着各种新方法、新材料的广泛普及和应用，曾有人找到徐艳丰，提出采用模具定型的方式统一秸秆的规格，或者直接应用复合材料制成标准化的“合成秸秆”，使秸秆扎刻进阶为中国版的“乐高”。这些提议毫不意外地都被果断拒绝了，因为在徐艳丰看来，非自然形成的秸秆会失去其本身的“灵性”，而所谓的复合材料，本身连秸秆都不算，做出来的东西根本就不能叫作秸秆扎刻。

第二，是工艺的应用。老辈人们所使用的秸秆制品，基本都是生活器具，如炊帚、盖帘一类，制作所采用的大多是以棉麻线等对秸秆进行绑扎的简单手工，也不会采用秸秆扎刻特有的“六节稳固”方式进行结构的组建，可以说跟“艺”字几乎是风马牛不相及。民间艺人们使用秸秆制成的花灯等作品，固然带有了“艺”味，其中一些也具有一定的手工制作水平，但在设计的创意性、工艺的严谨考究等方面相较于艺术品尚有明显欠缺。徐艳丰则是在深入研习传统秸秆扎刻构建方法的基础上，尝试将其与家学的木工及建筑模型制作技艺进行有机融合，并以此为契机探索出更加合理和多样的构成形式、呈现出更为丰富和精致的作品表现。在工艺的运用和操作方面，徐艳丰在传统直角拼接的基础上，成功实现了120°、135°等其他角度的组合与固定，其中变化的是不同结构间的连接样式，而始终不曾改变的是“六节稳固”

的组建方法和不使用钉子、胶水、丝线等附加材料的操作准则。在徐艳丰看来，“六节稳固”是秸秆扎刻精髓之所在，也是扎刻操作的根基，若以其他方式或辅以其他材料拼装出来的东西，所丧失的不仅仅是工艺，而是秸秆扎刻的灵魂。

第三，是作品的呈现。如今的秸秆扎刻早已脱离了对秸秆进行充分利用的范畴，成为一项极具地方特色的传统手工技艺，作品的类型和体裁也是多种多样。其中，最能够体现技艺水平、彰显秸秆扎刻之美的当属古建筑模型，这也是徐艳丰最为擅长的一类。曾经，徐艳丰非常热衷并专注于大体量建筑模型的制作，动辄耗时数月甚至数年，将几十万节高粱秆进行拼装，成品高度常常会达到一米多，以至两米以上。

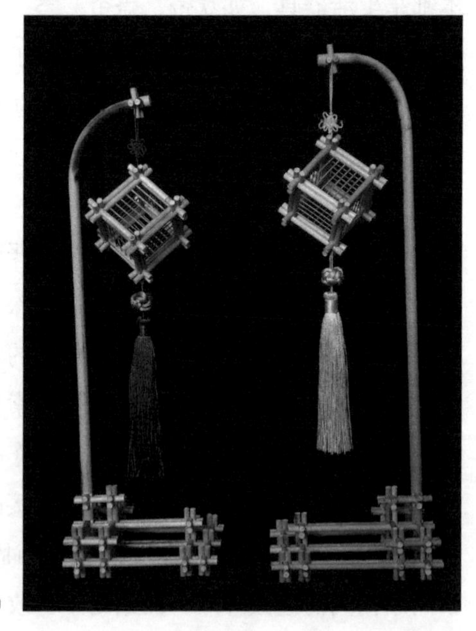

秸秆扎刻文创产品

伴随着大型作品所带来的视觉冲击和心灵震撼，一种距离感也在人们的心中油然而生,大家觉得秸秆扎刻有些高不可攀、遥不可及。“高高在上”的感觉给徐艳丰带来的不仅不是享受，更多的却是担忧，他担心这种心理上的间隔会影响秸秆扎刻的发展。特别是近年来，徐艳丰在放下了大型作品的制作工作后，时而就会手里攥着几小节秸秆，不疾不徐地拼拼接接，如果说年轻时创作靠的是体力，那现在创作靠的绝对是智力，如何能通过新作品的呈现，让人们走近、了解和喜欢秸秆扎刻，是他的目标。以此为方向，利用秸秆扎刻传统技法试制而成的鲁班锁、中国结、六英花等别出心裁的作品应运而生，由此徐艳丰也晓得了一个新的名词——文创。

第四，是技术的变革。伴随优秀传统文化焕发出新的时代光彩，非物质文化遗产产品受市场追捧的程度也是持续走高。但市场化程度的加深导致了以机械替代手工情况的愈演愈烈，雕刻、刺绣等手工艺行业遭遇了数字化、机械化的“强势入侵”……由此产生的后果显而易见，就是作品的千篇一律，失去了非物质文化遗产本身的价值和内涵，违背了非物质文化遗产保护的核心原则和人文精神。在新工具、新技术的应用方面，徐艳丰有着审慎的选择，比如将加热时需要用到的酒精灯改为电热器、采用新型材料打制更称手和耐用的工具、使用电动抛光机对原材料进行抛光等，都有效地提升了操作效率、提升了作品质量，但纯手工的操作是徐艳丰始终坚持且不可触碰的“红线”。虽然在目前的技术条件下，秸秆扎刻的手工操作还没有机器能够取代，但徐艳丰始终坚信，即便若干年后机器达到了可以制作秸秆扎刻的水平，那做出来的也只叫作产品，而却不是非物质文化遗产作品。

第五，是观念的转变。在农业现代化的持续推进下，高粱的经济价值在过去的几十年里是逐渐下降，种植面积也是越来越小，各类由高粱秸秆制作而成的生活用品，几乎已经在人们的日常生活中“绝迹”。徐艳丰儿时常制作的那些蝈蝈笼子一类再寻常不过的小玩意儿，如今也被大家看作是极其别致的艺术品。如果说徐艳丰在最初对秸秆扎刻进行的种种改造，更多的是源于一种自发的探索和尝试，那么现在的他则是在顺应发展规律，主动地开始求新求变。特别是随着“见人见物见生活”发展理念日渐地深入人心，徐艳丰也在

徐艳丰指导孩子们制作（2019 年）

思索着一个问题，就是如何让秸秆扎刻融入现代人的生活。为此，徐艳丰摒弃了相对保守的传统师带徒体系，身体力行地与子女们一起，走进大、中、小学校的校园，参与各类宣传展示活动，力争让那些可能连高粱都没有见过的大人和孩子们，能够认识秸秆扎刻这项传统技艺，进而成立“秸秆扎刻工作室”，为感兴趣的人们提供深入学习的机会；同时，他和儿女们在传统古建筑模型的基础上，通过主题创作、跨界合作等方式，将作品扩展至现代建筑、车船模型、家居装饰等题材，让传统手工技艺更适应于现代人的审美与生活方式。

在徐艳丰的带领下，女儿徐晶晶、儿子徐健更是各尽所长，遵循着传统的制作工艺和流程，顺应着时代的审美取向和价值，勠力践行着秸秆扎刻的再创造之路。

二、秸秆扎刻的再发展

2011 年，《中华人民共和国非物质文化遗产法》公布实施，随后《中国传统工艺振兴计划》《关于进一步加强非物质文化遗产保护工作的意见》《“十四五”非物质文化遗产保护规划》（文旅非遗发〔2021〕61 号）等一系列政策文件相继出台，我国的非物质文化遗产工作进入了新格局发展时期。徐艳丰也将秸秆扎刻的“旗帜”交到了儿女的手中，在父亲打下的坚实根基之上，徐晶晶和徐健都已经能够独当一面，并对项目的发展有了各自的考虑和探索。

2013年4月底，廊坊市举办了以“传承文化·重温经典”为主题的“首届特色文化博览会”，第六届河北省民俗文化节也于6月在保定市盛大开幕，徐健作为秸秆扎刻的河北省级代表性传承人参与活动，向家乡人们展示来自永清的绝活儿。同年，徐晶晶携所制作的《台儿庄城楼》模型等作品，参加河北省廉政文化传统艺术作品展、廊坊市女职工才艺大赛等活动均载誉而归。

2014年，徐晶晶和徐健一同代表河北省参加了文化部在北京举办的“中国非物质文化遗产年俗文化展示周”；2014年9月，秸秆扎刻作品《飞云楼》模型荣获第二届中国北方旅游文化精品博览会“金奖”；2014年11月，徐健被河北省文学艺术界联合会、河北省民间文艺家协会联合授予“民间工艺美术家”称号。

2015年，中共中央、国务院印发《京津冀协同发展规划纲要》，秸秆扎刻搭乘着“协同发展、文化先行”的春风，徐晶晶和徐健姐弟俩不仅走遍了河北省，更是走进了京津两地的学校、社区、企事业单位、部队营地……在仅仅一两年的时间内，将秸秆扎刻的魅力显示给了数以万计的人们，徐晶晶还在京津冀妇女手工艺优秀作品大赛中荣获“银牌巧手”称号。

2016年，徐晶晶、徐健姐弟俩开始尝试制作近现代建筑的秸秆扎刻模型，经过几番探讨，最终将创作目标选定为遵义会议会址。会址建筑建于20世纪30年代初，主体为砖木结构，是一栋中西合璧的两层楼房。如何运用秸秆扎刻的

徐晶晶、徐健共同制作的《遵义会议会址》模型

手法去很好地表现近现代建筑,姐弟俩也是煞费了一番苦心，外表更为简约的近现代建筑，在用秸秆构建完成后难免显得有些“简单”，但过多的装饰又肯定是“画蛇添足”，就在这样的反复拿捏和修改后，《遵义会议会址》模型制作完成。该项目还得到了行业专家们的认可，顺利地通过了“国家艺术基金”的评审，获得了相应的资金支持。

2017 年，中国发展高层论坛“河北之夜”主题活动在北京钓鱼台国宾馆举行，徐健通过作品及技艺展示、互动交流等方式，让到场的诺贝尔奖获得者、世界知名跨国公司领袖及著名专家学者等 300 余位境外嘉宾真切地感受到了中国的民间绝活儿。徐晶晶也作为女性非遗传承人的代表，荣获了 2017 年度河北省“三八”红旗手称号。

同年，中共中央办公厅、国务院办公厅印发《关于实施中华优秀传统文化传承发展工程的意见》，其中明确提出要“按照一体化、分学段、有序推进的原则，把中华优秀传统文化全方位融入思想道德教育、文化知识教育、艺术体育教育、社会实践教育各环节，贯穿于启蒙教育、基础教育、职业教育、高等教育、继续教育各领域。”在政策的号召下，以非遗进校园为主题的各类活动广泛开展，此时已在京津冀各地崭露头角的徐晶晶、徐健携秸秆扎刻先后走进了200余所各级、各类院校，其中不乏中国人民大学附属中学、北京东城区府学小学、北京市海淀区中关村第三小学等名校，在很多中小学校，秸秆扎刻都受到了师生们的广泛喜爱，被列入校本课程。看到这样的情况，有亲戚满怀疑问并不无担忧

徐健在中国发展高层论坛“河北之夜”主题活动现场进行技艺展示

地说道：“现在家里的日子，终于靠着这摆弄高粱秆的手艺好起来了，你们就这么把手艺给‘撒’了出去，等人家都学会了，你俩可怎么办啊？”姐弟俩当然明白亲戚的一片好意，但也就是不太以为然地一笑而对之，因为她们觉得手艺本就是先人们一辈一辈传下来的，从来也不只归属于哪一家，只有更多的人一同为秸秆扎刻而努力，才能“众人拾柴火焰高”。再说作品，只要自己能做到不断地推陈出新，让其他人随便学去就是了。

“一花独放不是春”的观点，也得到了徐艳丰的认同，特别是在信息飞速传播、沟通方便快捷的数字化时代，不仅拉近了秸秆扎刻与普罗大众间的距离，也为秸秆扎刻行业内部的交流提供了更多机会。以此为契机，徐艳丰结识了来自

徐健在工作室教授秸秆扎刻技艺

不同地区的同行，各家的传承脉络、工艺处理、作品风格等迥然有别、个性鲜明，多角度地展现出了秸秆扎刻工艺的魅力。在彼此沟通的过程中，大家相互学习、取长补短，特别是徐艳丰彻底打破了同行是冤家的成见，他希望秸秆扎刻能在所有人的共同努力下，呈现出“万紫千红春满园”的景象。

2018年，摆弄了一辈子高粱秆的徐艳丰说什么也不会想到，他和他的故事一边被编写成了话剧，另一边还登上了非遗影像展的大荧幕。成为话剧故事原型的机缘来自几年前的一次采访，到访的高宏然老师被徐艳丰的成长和从艺经历所触动，在完成采访工作后，查阅大量资料并进行深入探访，几易其稿，最终完成了话剧剧本——《铁杆高粱》。在河北省文化厅主办的河北省青年优秀原创舞台剧剧本征集活

话剧《铁杆高粱》剧本研讨会

徐艳丰、徐晶晶、徐健共同创作的献礼作品《复兴楼》

动中，《铁杆高粱》从众多优秀作品中脱颖而出，成为五个重点扶植剧本之一。在剧本研讨会上，与会专家们对这部话剧给予了充分的肯定，大家一致认为《铁杆高粱》深入生活、扎根民间，搜集大量资料而创作成功，反映了时代风貌和民族精神。作者高宏然老师在剧本序幕中有感而发地写下：“谨以此剧献给那些为中华文明创造了一个又一个奇迹的民间工艺大师们。真人、真事、真性情，讲述一位非遗传承人的故事。他们的技艺成为国家非物质文化遗产受到保护、传承；他们的作用受到国家和人民尊重、认可。他们留下的不仅是精美绝伦的艺术瑰宝，更是坚持坚守、百折不回的工匠精神……”同年 9 月，廊坊市委宣传部为徐艳丰拍摄的纪录片《田野里走出的大师》，在济南举办的第五届中国非物质文化遗产博览会上进行了展映，成为非遗影像展中浓墨重彩的一笔。

2019 年，为庆祝中华人民共和国成立 70 周年，徐艳丰与儿女共同设计并制作完成了寓意“新时代实现中华民族伟大复兴的中国梦”的献礼作品——《复兴楼》。有别于其他秸秆扎刻作品，这座《复兴楼》并没有建筑原型，是全凭大脑构思，进而设计、搭建完成，作品通高 158 厘米，共有七层，寓意中华人民共和国成立 70 周年；共使用高粱秸秆 56 万节、构建飞檐 56 个，代表 56 个民族；从顶部俯视，形状为五星团簇，表达全国人民紧密团结在党中央周围之意。

2020 年初开始，一场疫情让很多人暂时放下了手中的工作，处于足不出户的封闭状态，却加快了徐晶晶、徐健姐弟二人的创作步伐，而且这也成了她们近几年来最难得的“整块”创作时间。姐弟俩盘算着，还有一年就是中国共产党成立 100 周年了，一定要利用这段宝贵的空闲，制作一件有意义的作品。关于作品的选题，徐健提出了一个大胆的想法，因为他回想起在此前一次展会上与相邻的船模制作传承人交流时的场景，那些精美的船只模型是以木头为原材料、运用

徐健和他的作品《龙船》

了很多木工技艺制作而成，在探讨过程中，他们感觉秸秆扎刻的工艺不仅可以制作建筑模型,做船只模型也应该没问题。“那咱就做一艘‘南湖红船’吧！”这个想法也得到了姐姐的支持。在经历了从古代建筑模型到近现代建筑模型、从有原型的建筑模型到没有原型的建筑模型的过程后，姐弟俩又向着“船模”这一全新领域展开了尝试。在试制的过程中，总是会面临很多意想不到的问题，尤其船模是姐弟俩从未曾涉及过的题材，整体形状、局部结构、细节处理等都需要在建筑模型设计的基础上逐一调整。作为测试作品，她们先行制作了一艘形制相对传统的《龙船》模型，以此来尝试、调整和熟悉船模的制作技巧。

2021年，《南湖红船》模型历时半年有余顺利制作完成，徐晶晶和徐健用她们最朴素的方式，向中国共产党成立100周年致敬。同年11月，由中央电视台打造的《潮起中国·非遗焕新夜》公益晚会在CCTV电影频道及全网平台播出。晚会聚焦“国潮”和“非遗焕新”两个主题，邀请众多明星作为“守护人”，跨界对话非遗传承人，同时联手潮流艺术家对非遗进行二次创作，让古老手艺焕发新生，推动传统文化在新时代的创新与融合。在晚会上，来自中国香港的演员、歌手杨千嬅作为非遗守护人，揭晓了由徐艳丰、徐健父子联手艺术家谢凸共同完成的非遗焕新作品——《梁上高楼》。作为当天发布的十大非物质文化遗产焕新作品之一，《梁上高楼》以秸秆扎刻作品《故宫角楼》模型为创作题材，将角楼进行装饰赋彩，形成悬浮分离的状态，以山水树木从内而外浮现表达古建筑内有乾坤，恢宏精妙的寓意。同时，作品

徐艳丰、徐健父子参加中央电视台《潮起中国·非遗焕新夜》公益晚会

还将秸秆扎刻细密的十字纵横结构，艺术化地表现为空间中悬浮游离的十字星光，视觉上轻盈生动，为秸秆扎刻增加了活泼浪漫的气质。

2022 年，徐健将父亲曾经的蓝图变为了现实。三十年前，《圆明园四十景》模型的制作项目是不欢而散，最终只得草草收场，沥尽心血设计出的图纸也是一张都没有留下来，这无疑也成了徐艳丰心中的一桩未了的心愿。但如此之大规模的制作，根本不是仅凭两三人之力就能够完成的，而且即便是做出来了，也没有足够大的地方放。但是为了完成父亲的心愿，徐健还是将制作目标选定为“圆明园四十景”中最具特色的一景——万方安和。万方安和建于清雍正初年，由三十三间东西南北曲折相连的殿宇构成，因建筑平面呈“卍”字形，故俗称“万字房”，这样的主体建筑形制在

徐健制作《万方安和》模型时的工作照

中国古代建筑中仅此一例。历时近一年，徐健在姐姐的协助下，用二十余万节秸秆将如今仅存“卍”字形石质基座遗存的“万方安和”呈现了出来。此时正值十月，徐健也是以这件寓意四海承平、国家统一、天下太平的作品为献礼之作，迎接中国共产党第二十次全国代表大会胜利召开。

2023年，是河北科技大学建筑工程学院将秸秆扎刻引入校园的第十年，徐艳丰、徐晶晶、徐健作为导师定期驻校向社团的学生们传授秸秆扎刻技艺。学院为激发学生对传统文化的热爱，更是在十年间连续举办了五届秸秆扎刻作品的评比活动，由学生们制作完成的秸秆扎刻作品，内容涵盖了体育馆、纪念馆、楼宇、宝塔、大桥、凉亭、牌坊等多种形式，其中《风雨操场》《嘉兴红船》等优秀参评作品造型美观、结构巧妙、制作精美，不仅展现了非遗进校园的累累硕果，也让学院成为秸秆扎刻传承的重要实践场所。同年，徐健在南大王庄建立的秸秆扎刻工作室，分别于2023年5月、12

永定河流域非遗文创工坊牌匾

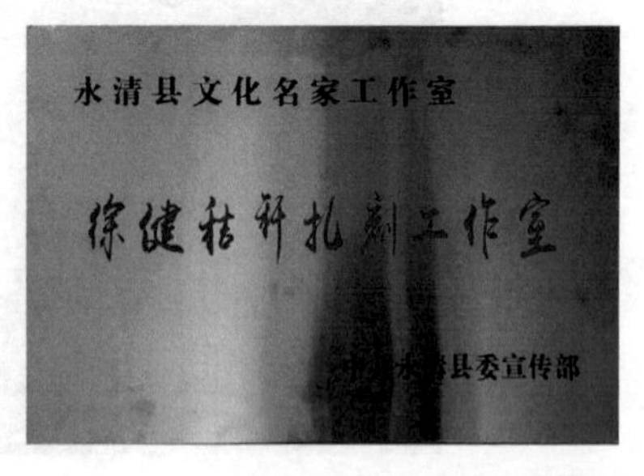

永清县文化名家工作室牌匾

月挂牌成为“永定河流域非遗文创工坊”和“永清县文化名家工作室”，来自左近村庄的十余名村民已经以兼职的方式在这里学习了一段时间。现在，工作室的几名骨干学员经系统培训，已可以独立完成秸秆扎刻的基本操作，还可以辅助完成一些制作及教学工作。工作室不仅成为秸秆扎刻创作和传习的主阵地，还成为项目展示交流的平台和窗口，更是为项目未来的发展奠定了良好的契机。

三、秸秆扎刻的数字化

秸秆扎刻的与时俱进，还体现在与新理念、新媒体、新技术的融合方面。说到非遗领域的新尝试，“数字藏品”可以说是风靡一时，2021 年，中国第一家 NFT（全称为：Non-Fungible Token，可译为：非同质化通证）平台上线，拉开了中国数字藏品发展的大幕。短短几个月内，国内众多互联网巨头纷纷入局，大量极具民族特色的数字藏品应运而生，其中就囊括了很多非遗传承人的作品。在这股时代浪潮中，有平台先后联系秸秆扎刻合作，在 2022 年先后共制作并推出了六款数字藏品。虽然，在徐晶晶和徐健还没有完全弄清数字藏品究竟是个什么的时候，其就迅速失去了热度，甚至可以说是偃旗息鼓,但从中姐弟俩还是获得了诸多启示。

在新技术的应用方面，为了将《角楼》《万春亭》《复兴楼》等秸秆扎刻作品制作成为数字藏品，平台公司使用三维数字化技术对作品进行信息采集，在将实物转化为三维数据并生成三维模型后，辅以数字化的后期处理，一件件数字藏品就这样地诞生了。看到这一过程，徐健受到了很大的启发，因为在他的设想中，是一直规划着想要建一座秸秆扎刻的博物馆，虽然目前还没有建设实体博物馆的实力和条件，但通过这样的技术，完全可以先做一个虚拟的博物馆。不过，在技术攻关的过程中，秸秆扎刻的特殊性就显现了出来。那些器物表面平滑规整、色彩鲜艳、对比强烈的作品，三维后的效果非常理想，可是秸秆扎刻作品表面极不规则，既有大面积的平整屋面，也有错综复杂的檐下斗栱结构，更有数不胜数的门窗镂空等。此外，作品的整体颜色也是基本一致，所以想要取得良好的展现效果，从数字信息采集到后期处理，不仅需要比其他作品更长的时间，还需要更有经验的技术人员。为此，徐健与专业从事三维制作的技术人员一起，以此为课题展开攻关并取得了成功，让人们使用手机就可以“走”进秸秆扎刻虚拟博物馆，欣赏精美的作品了。

在对非遗的理解方面，徐晶晶也有了更深一层的思考，她觉得数字藏品简直是太“非遗”了。其实，一直以来在非遗行业内，对于秸秆扎刻一类的传统美术、传统技艺类项目，都存在一种争论，就是这些项目作为文化遗产，究竟是“物质”的还是“非物质”的？持“物质”观点的一方认为：这些项目最终呈现出的成果，都是以物质形态存在，且无法脱离物质载体，所以它们是物质的！而持“非物质”观点的一方则认为：这些项目制作所需的知识、经验以及手工技能等，都是无法通过物质留存和表现的，因此与制作相关的技艺是非物质的！而数字藏品的出现，融合了两方的观点，将属于“文化遗产组成部分的各种社会实践、观念表述、表现形式、知识、技能”等都融入数字化的作品中，以虚拟现实的方式存在，这绝对是纯粹的“非物质”了。在数字藏品被疯狂炒作的那段时间里，绝大多数人都把目光聚焦在它的商品属性上，而作为创作者的徐晶晶更关注的是数字藏品对作品相关信息的记录和留存，因为比起仅留下一件作品或者也就是再配上一纸收藏证书的传统方式，数字藏品能够保存的内容太丰富了。如果能像为作品配发收藏证书一般，为每一件实体作品搭配制作一件与之相对应的数字作品，通过数字作品的方式可以记录下作者的创作理念、制作过程、工艺应用，甚至还可以包括作品在不同藏家之间的流转记录等，这些将大幅度提升作品的人文属性和文化价值。就好比带有铭文的青铜器和没有铭文的青铜器，铭文为后世留下了更多的珍贵信息。徐晶晶认为，在数字藏品商业化大潮过后，留给非遗人的思考还会有很多。

此外，在新的产品与服务模式方面，大众对于参与感和体验感的需求逐年提升，以秸秆扎刻为例，售价相同的中国结挂件和中国结挂件材料包，材料包的需求量已经远远超过了成品，人们更愿意自己动手去制作一件心仪的装饰品，而不是直接购买一个成品。伴随非遗消费模式的转型，徐晶晶和徐健也在顺应着改变，开始从售卖实体作品扩展到面向不同人群而开发出各类半成品、材料包等体验产品，在与此配套的线上教程、宣发平台等方面，数字化直接或辅助实现了对非遗的无形性、活态性、实践性等特征的表达，同时还以其不受时间、空间限制的触达，为非遗在当代的存续与发展提供了更多可能性。

四、秸秆扎刻的未来展望

如今，古稀之年的徐艳丰，已从南大王庄搬去了条件更好的永清县城居住，过上了颐养天年的悠闲生活。秸秆扎刻的活计早已放手交给了子女们去做，徐艳丰每天的生活基本就是看看电视、遛遛弯儿、微信语音聊聊天儿，他还是会有选择性地去参加一些活动，但主要目的还是为了见一见老朋友们。

徐艳丰在中央电视台《潮起中国·非遗焕新夜》公益晚会现场进行技艺展示（2021年）

问及徐艳丰对于秸秆扎刻以及孩子们的未来有什么期望，他的答案十分朴素：

希望在国家重视非物质文化遗产、人们关注非物质文化遗产的社会大环境下，能有更多的人接触、关注和了解秸秆扎刻工艺，通过广泛传播促进项目的传承。全国几千个项目虽然都叫作“非遗”，但内容却是包罗万象、迥然有别，所以从保护传承的方式到创新发展的道路都不会如出一辙，他希望孩子们未来能够走出一条符合秸秆扎刻特点、适应秸秆扎刻变化，真正属于秸秆扎刻的前行之路。为此，他希望孩子们要继续刻苦钻研技艺，制作出更多的新品、精品；要借助新媒体等现代传播方式，加强对项目的宣传；要广泛培养后续人才，把项目一代一代、越来越好地传承下去。

徐晶晶工作照（2020 年）

对此，徐晶晶和徐健有各自的思路和规划，姐弟俩也在相互配合的基础上有了大致分工。

耐心细致的徐晶晶，会更多地走进校园、社区、企事业单位等处，展示秸秆扎刻作品、讲述秸秆扎刻历史，带领参与者体验秸秆扎刻的制作。在创作方面，以精致细腻的中小型作品为主，也会帮弟弟完成一些大型作品的局部，制作中讲究细节处理和装饰效果，尽显秸秆扎刻的玲珑之美。同时，注重各类项目相关资料的搜集和整理，以弥补秸秆扎刻历史资料欠缺的遗憾。

徐健以工作室为基地，正在实现后续人才培养与产品批量生产的“双管齐下”。项目传承发展的基础是从业者能够得到有保障的生活，以此为目标，徐健开展了广泛的市场调

徐健工作照（2022 年）

研，研发出数十种极具秸秆扎刻特色且工艺相对简单的伴手礼、饰品、玩具等扎刻类商品。通过各类线上平台的推广，这些小物件很受市场欢迎，也产生了一定的经济效益。此外，徐健秉承着“小商品供应市场、大作品展现技艺”的发展理念，精益求精地制作具有时代意义的重量级作品，为规划中的博物馆储备更多的展品。

在历史的长河中，许多传统工艺因种种原因被埋没，而曾长期被人们所忽视的秸秆扎刻，在徐家两代人的不懈努力下，从乡间田野跨入艺术殿堂，以崭新形象融入人们的现代生活。展望未来，我们期待秸秆扎刻能够在更多人的关注和努力下，不断创新和发展，焕发出新的生命力和活力，让我们翘首以待，共同期盼和迎接秸秆扎刻朝气蓬勃、日新月异的明天。

附：高占祥同志为报告文学《高粱秆的宫殿——记扎刻艺术家徐艳丰》作的序（略有删减）

为拼搏者喝彩

高占祥

扎刻艺术家徐艳丰这个名字，人们并不陌生，但了解他的身世和艺术经历的人并不多。

报告文学《高粱秆的宫殿——记扎刻艺术家徐艳丰》用充满感情的笔触，向人们展示了一位从高粱地里走来的艺术家。他没有文化，却有一个睿智的大脑；他没有地位，却有高尚的理想；他没有资财，却有一个纯洁的心灵。他用苦涩的心血与泪水，用超人的智慧与毅力，用人们做饭烧火的高粱秆，搭起了艺术的宫殿。

可叹的是，徐艳丰带着诸多的不幸来到人间。他幼年丧父，在贫寒与饥饿中，随改嫁的母亲来到这个村庄。又因他个小力单，一天书没读过，所以，人们都瞧不起他，同龄人欺负他，过着近乎“二等公民”的日子。

然而，一位老人用高粱秆扎刻的蝈蝈笼子重重地震撼了他的心灵。从此，他开始了漫长的扎刻艺术的创作道路，也因此改变了他的一生。

艺术创作之路，与他的身世和家境的强烈反差，必然铺满了坎坷与艰辛。他的兄弟姐妹多，因为生活十分困难，到了该读书的时间了，却终日去打草、拾柴。到了该干活的年龄了，他却迷上了扎刻艺术，为此遭到继父的训骂和毒打，他被打得皮开肉绽、生命垂危，他扎刻的作品被砸烂，被填进了灶坑。他没有后退半步，反而用顽强和毅力，一点一点地征服了继父，使他成了扎刻艺术的热心支持者。结婚成家后，妻子认为他搞扎刻是不务正业，极力反对，她虽然用尽浑身解数，也没能使他有丝毫动摇，反而使妻子成了他扎刻艺术的坚强后盾。乡亲们更是不理解，认为他搞扎刻是“要饭牵着猴”和“小玩闹”，几乎要把他轰出村去……在这样的氛围中，他顶着重重压力，夜以继日顽强拼搏，终于扎刻出精美绝伦的天安门、佛香阁和故宫角楼等工艺品。

拼搏，使一只丑小鸭变成了白天鹅。

拼搏，使他由一个被视为“二等公民”的小玩闹，成了一名令人瞩目的艺术家。

徐艳丰的故事，折射出这样一个朴素的道理：艺术，是老老实实的学问，它需要踏踏实实的敬业品格，它需要坚韧不拔的毅力，它需要百折不挠的拼搏精神。报告文学《高粱秆的宫殿——记扎刻艺术家徐艳丰》就是为这种可敬的拼搏者树碑立传，高唱赞歌。

我们的事业，需要更多的拼搏者，也需要更多的人讴歌拼搏者的业绩和情怀。

高占祥（1935—2022 年），生于北京，1951 年 5 月参加工作，1953年2月加入中国共产党。曾任共青团中央书记处书记，中华全国青年联合会副主席，河北省委副书记，文化部副部长、党组副书记，中国文联党组书记等职；是中国共产党第十二届中央候补委员，政协第七届全国委员会委员，政协第八届、九届、十届全国委员会常务委员。

后记

《秸秆扎刻和徐艳丰》一书行将搁笔，得益于徐艳丰大师全家的无私信任与大力支持，让我能够有机会为秸秆扎刻做一点儿事情，真的是深感荣幸。

作为一名非物质文化遗产工作者，非物质文化遗产对我来说不仅仅是一份工作、一个职业，更多的是一种情怀、一捧热爱。但当我仅凭着一腔热血不自量力地起了笔之后，自己的各种短板很快就都暴露了出来,不得已只能是写写停停。幸得罗小雅老师的通力合作、尚利平老师的不断鼓励，以及陈狄馨、李希、刘妍几位小友的出谋划策，最终得以完成。尽管我深知书中还有许多不足之处，但我衷心希望各位专家和老师能够海涵并指正。

其实，早在多年前就已对徐艳丰大师的身世经历有所知晓，但这次创作让我有机会更近距离地接触并深入地了解他的生活与艺术，心中的敬佩之情更是胜于言表。正是许许多多徐艳丰大师这样的艺术家，共同铸就了中国文化艺术史上的一个个不朽传奇。谨以本书向徐艳丰大师致敬！向非物质文化遗产传承人们致敬！向艺术家们致敬！

最后，请允许我引用爷爷——首都博物馆离休干部、民俗专家郭子昇先生对秸秆扎刻的评价为本书的结尾：扎刻工艺有效利用了高粱秆那古朴光洁的质感，把中国古代建筑的富丽堂皇和高贵典雅展现得淋漓尽致、惟妙惟肖，尽显中国民间手工技艺之博大精深。秸秆扎刻作品不仅艺术观赏价值极高，而且还涉及几何学、物理力学、建筑学等领域，具有较高的科学研究价值与实用价值，是艺术气息与乡土气息并存的民间工艺品，自诞生以来，秸秆扎刻艺术宛如一颗璀璨的明星，在中国民间艺术的历史天空中熠熠生辉！

郭漾漾

2024 年 1 月